为儿童设计
Design For Children

CHILD-FRIENDLY PRACTICAL CASES IN CHINA

儿童友好中国实践案例

（第一辑）

史路引　主编

同济大学出版社
TONGJI UNIVERSITY PRESS
·上海·

编委会

主　编　史路引

副主编　杜红梅　杨　烁

序一

路引是我在参与杭州城市文化交流中认识的朋友。没想到，自2021年后，他对儿童友好这一事业产生了兴趣，亲力亲为于儿童友好城市建设的理念传播、智库研究和实践赋能的工作。由于我的城市规划专业背景，他诚邀我为他主编的《儿童友好中国实践案例（第一辑）》作序，我能力有限，诚惶诚恐，但想到这是为祖国的“花朵”做事，义不容辞，欣然从命。

西方哲人亚里士多德曾说，人们为了生活，来到城市；为了更好地生活，居住在城市。城市是人类生活的容器，是追求幸福生活的家园。城市与乡村最大的差别，就在于为人们提供了更完善的公共服务。正如2010年上海世博会的口号：“城市，让生活更美好！”然而，这一理念在我国城市发展的进程中经历了一个曲折的变化过程。

我以杭州为例，新中国成立之初，杭州还是一个消费城市，曾经提出建设“东方日内瓦”的宏大目标，要建一个绿树成荫、环境优美的花园城市。但进入1957年后，国家要快速推进工业化，以改变工业基础薄弱的状况，这就需要大大压缩对住宅、消费、公共服务等生活设施的投入，从而把更多的资源投放到工业的发展中去。于是，杭州提出要变消费城市为生产城市，城市性质从风景城市转变为工业城市。这种转向使城市成了生产的机器，加上意识形态上对资产阶级思想及生活方式的批判，抑制生活消费，使得城市规划缺乏对人的生活需求和相应设施配置方面的关注，更不用说下大力气，专为儿童规划设计设施和场所了。

改革开放以来，社会经济的快速发展引发了开发区、基础设施的加大建设，促进了城市快速扩张，城市化的同时又促进了工业化的发展，形成“两化”互动、相互助益的良性发展局面。政府开始认识到城市服务功能的完善有助于产业的发展，要从“产城分离”走向“产城融合”，从开发区走向产业新城。

尤其是新世纪初，杭州提出了“住在杭州、学在杭州、游在杭州、创业在杭州”的口号，首次将城市发展的目光从生产转向了生活。2007—2008年更是提出了“生活品质之城”的城市品牌，以及“共建共享与世界名城相媲美的生活品质之城”的发展定位。与之相对应的是，杭州开展了全方位的环境整治，重视住宅和商业综合体、医院、学校、文体设施等公共服务设施的建设，制定了基本公共服务设施配建标准等。

2010 年，杭州常住人口中 60 周岁及以上人口占 13.40%，其中 65 周岁及以上的人口占 9.02%，这意味着杭州进入老龄化社会。为此，2012 年杭州开展“老年友好型城市”和“老年宜居社区”建设，以应对老龄化社会的挑战。2018 年后，随着老旧小区改造、未来社区建设，更强调“一老一小”服务设施的配置。

2015 年起，杭州人口增长进入快速通道。年增长都超过 10 万人，2019 年更达到 55.4 万人。尽管近年增长回落，但 2022 年还是增长了 17.2 万人。这种爆发性增长带来了教育、医疗、文化、体育等公共服务供给的严重不平衡不充分，要求补足公共服务的短板。同时，2022 年我国人口 61 年来首次出现负增长，较 2021 年年末减少 85 万人。人口发展将面临老龄化与少子化并存的双重压力。在这样一个大背景下，为落实国家发改委和国务院妇女儿童工作委员会办公室《关于开展第一批国家儿童友好城市建设试点的通知》（2021 年 12 月），杭州开展了儿童友好城市建设工作。这是杭州继转向生活品质之城建设方向之后，应对老龄化与少子化双重挑战的又一项重要举措。

儿童是祖国的花朵，是中国未来的希望。建设儿童友好城市事关儿童健康成长和未来发展，事关妇女生育意愿提升和城市吸引人、留住人的感召力提升，既重要，又迫切。它寄托着人民对美好生活的向往，是切实保障儿童的生存权、发展权、受保护权和参与权的重大举措。为此，既要在宏观层面给予充分认识和重视，也要在微观层面加强管控和设计，扎实做好此项工作。

从城市规划而言，“1 米高度看城市”给我们提供了一个真实的儿童视角，这种用户导向思维使我们摆脱成人视角的束缚，真正从儿童的生活环境和需求来发现诸如安全、健康、便利、舒适、绿色、智慧、公平等方面的问题，从而精准制定适童化设施标准，规划设计符合儿童生长的空间环境、提升儿童生长环境的品质。这也是以人民为中心在儿童成长领域的具体体现，是提升人民群众的获得感、安全感、幸福感的重要举措。

回想我上小学时，都是自己步行上学，没有让父母接送过一次；而现在的小孩上学，由于道路车辆多，穿越道路不安全，大都需要家长接送。我那时，虽然没有什么儿童游玩设施，但路边有一个沙坑就能让我们小孩乐此不疲；而现在许多小区干干净净，却缺少小孩玩耍的场所。这些痛点都需要我们更加重视儿童友好城市的建设，从城市、街区、社区等不同层面去加以解决。例如，最近开展的未来社区建设就针对儿童上学问题提出了“无忧上学路”的解决方案。

城市的儿童设施对儿童的成长具有十分重要的意义。以我的个人经历来看，小学时，我有幸在杭州少年宫担任图书馆的业余管理员，跑遍了少年宫的角角落落，为我打开了知识的大门。后来又有幸从学校得到一个名额，加入少年宫的无线电兴趣班，受教于裘大昌老师，让我提前学到了许多物理知识，增长了见识。这些儿童活动场所为儿童的成长提供了获取丰富知识的渠道，无疑是儿童成长不可或缺的重要基础设施。

儿童的社会参与作用也不可忽视。笔者儿时的住宅楼，共用一个水电表，每个月抄表的任务就由各家各户的小孩们来完成。上门抄表的过程就是儿童认识邻居叔叔阿姨、接触社会的过程，计算费用分摊的过程就是数学知识应用的过程。今天，许多社区开展“邻居节”，也是以儿童为纽带，通过彼此串门，带动邻居相互熟悉，从而建立互帮互助的和谐邻里关系。

本书从儿童友好街区、儿童友好社区、儿童友好学校、儿童友好医院、儿童友好公园、儿童友好场馆、儿童友好公益事业、儿童友好参与、儿童友好企业等多个维度，全方位地为读者介绍了我国在儿童友好城市建设过程中的优秀案例，为我们打开了建设的新思路，必将有助于加快中国儿童友好城市建设的步伐。

诚如本书所言，儿童友好城市理念和要求必须纳入城市的发展规划及国土空间规划之中，从而成为社会共识，指导各部门的各项工作，并得到项目资金、用地、政策等方面的保障。同时，儿童友好城市建设是一个“跨领域、跨部门、跨学科、跨行业和跨代际”的融合创新工程，需要政府、社会、家长等多方合作、共同参与才能有效地完成。尤其要强调儿童作为受益主体参与的重要性，使建设的决策能真正反映儿童的需求。在建设推进上，首先在指引出台、理念传播和示范点建设上破题，同时，要建立起儿童友好城市建设成果惠及全社会的可持续路径。只有惠及更广大利益相关者和群体，最终被社会各界自觉践行，其意义才能得到真正实现。

需要补充的是，建设儿童友好城市与建设老年友好城市一样，都是应对人口年龄结构变化挑战的重大举措，二者也有交集和相互助益的空间。例如，应对当下幼儿人口猛增所新建的幼托设施，在幼托班高峰期过后，也可以改为养老服务设施；而幼托设施与养老设施一起开设，让老年人参与部分幼托活动，还有利于老年人的身心健康。

总之，建设儿童友好城市是“功在当代、利在千秋”的民生工程，需要更多的有识之士加入其中，共同推进。要以本书出版为契机，让儿童友好城市的种子播向四面八方，让儿童友好城市之花开遍祖国大地，让每一个儿童都能共享儿童友好城市的成果，幸福地成长。

汤海孺

教授级高工

中国城市规划学会总体规划学委会委员及详细规划学委会委员

浙江省城市科学研究会副理事长

浙江省住房建设厅科技委规划与城市更新委员会副主任委员

杭州市政府参事

杭州市委市政府咨询委员会委员

杭州市规划委员会专家委员会委员

序二

我非常喜欢孩子，见到孩子，我的大脑自然就回归童年；见到孩子，我的内心自然就乐不可支。

我非常认可孩子，孩子就是我老师。我认为每一个孩子都非常可爱，我认为每一个孩子都非常优秀，我认为每一个孩子都潜能无穷。

我非常热爱孩子，孩子就是我天使。孩子让我们充满希望，孩子给我们带来幸福，孩子令我们时时刻刻都欢喜无比。

为了每一个孩子的健康成长，我们已经做了很多。我们可以做得更多，我们应该做得更多，我们必须做得更多。

多年前我和女儿的一个简短对话，至今依然令我非常欣慰。当时，我问女儿：人生的路有何打算？女儿说：爸爸，我在上初中的时候就发现，社会上存在这样一种普遍现象，那就是大多数家长不知道怎么和孩子共同成长，我此生愿意为之努力。

回顾自己数十年来的教学经历，一个明显的共性就是几乎每一堂课都必然会言及孩子。

路引曾经是我的学生，和我是忘年知交。关于孩子的成长，我们可以无话不谈，也有谈不完的话题，无论是从孩子到家长，还是从家庭到社会。当路引告诉我他的兴趣、他的志向、他的追求都与孩子的成长有关时，我的欣喜之情油然而生，赞叹之辞溢于言表。我曾深有感慨地说：你的名字似乎就在告诉我们，冥冥之中就注定你的此生就是为儿童事业而来的！

路引告诉我说他正在调查研究、归纳总结关于儿童友好的中国实践案例，我就非常兴奋地对他说，这是一件多么有意义的事啊！一定要倾力而为，一定要把它做好。前不久，当路引告诉我说《儿童友好中国实践案例（第一辑）》初稿已成时，我就急不可待地希望先读为快！因此，当路引想让我写点感想时，我十分愉快地同意了！深信《儿童友好中国实践案例（第一辑）》的出版，一定会给我们大家带来启示的，无论我们是谁。

如人饮水，冷暖自知。为了不让我的观点先入为主地影响到大家的阅读与思考，从而尽量让大家自主、自由、自觉地去发现，我没有对书中内容作任何的评述。

兴奋注定昨夜无眠。凌晨 3：50 起来，击键代笔，权以为序。

鲁柏祥

博士

善导鲁班创始人

2023 年 7 月 21 日于钱江畔

序三

儿童友好的综合发展涉及政策、服务、健康、教育、权利、空间、环境等方面，若要实现让每个孩子都能健康成长的生态系统，则需要集合政府、商业、社会各界的综合力量共同促进和推动，而社区在这个生态中扮演着至关重要的角色。一个孩子从呱呱坠地开始到 18 岁长大成人，其活动范围基本在社区，家庭单位在社区，卫生站、医院在社区，托儿所和幼儿园在社区，小学和中学也在社区，还有，超市、商场、公园都在社区，社区是儿童生活的重要场所。

本书包含了城乡各种类型的社区案例，例如杭州萧山从政策友好方面编制全国首个《儿童友好乡村建设规范》团体标准，为农村儿童提供标准化的政策保护；成都双林社区通过儿童参与式设计与改造增加了社区公共空间的活力；沈阳牡丹社区提供了系统化的公益课堂，促进儿童与儿童、儿童与社区之间的联系；南京下墟社区儿童家长成为建设儿童友好社区的志愿者，发挥社区居民的积极作用；南京新农社区融合自然认知、科学探索、爱国主义教育、家庭教育等多个方面促进儿童友好社区建设；贵州铜仁搭建“以儿童为中心”的圈层服务体系，针对社区留守、困境儿童安全保护议题促进社区的全面提升。

当然，儿童友好社区建设的过程中也会存在一系列的问题，工作方法上建议注意以下事项：

1. 因地制宜，探索创新。在建设过程中要充分发挥社区的主体作用，注重个性化探索、差异化建设路径和建设模式，行动计划各项任务要求与相关部门已有规划和建设项目要求保持一致，行动计划明确各项工作内容和实施主体，具有可操作性。

2. 强化宣传，扩大交流。积极争取地方纸媒、广播、电视媒体等传统媒体以及门户网站、公众号、微博、手机 App 等各类社交媒体、数字媒体的参与，建立媒体宣传矩阵，加强交流互动。邀请媒体代表参与儿童友好重大活动报道、参加儿童友好专题培训，确保儿童友好相关主题宣传到全年龄层的社区居民。

3. 多元参与，凝聚合力。要加强与企业、社会组织、非营利性组织、媒体的合作，挖掘和调动这些部门的资金、技术力量、人力资源、设施设备、空间资源等。搭建多元开放动态和权责分明的共建平台，形成全社会共同推进儿童友好社区建设的合力。

4. 专业支持，技术支撑。发挥政府部门、科研机构、社会组织中专家作用，为儿童友好社区建设工作提供整体指导、专业咨询和能力培训等支持。充分发挥科技支撑力量，建设社区公共资源信息平台，常态化收集儿童意见，定期评估及检测儿童友好的实施状况。探索应用数字化手段创新儿童工作方式方法。

5. 突出特色，打造品牌。在儿童友好社区建设中不仅要满足基本的政策、服务、福利、空间、环境等要素的要求，更要根据自己社区的特色，打造属于自己的品牌，切忌照本宣科机械地照搬相关文件，每个儿童独一无二，那么每个儿童友好社区也会独一无二。

吴楠（阿甘）

社造家文化传播有限公司董事长
UID 建筑设计事务所首席代表
宁好城乡更新促进中心秘书长
南京市妇女儿童发展智库专家
成都市成华区社区规划导师

前言

随着社会的不断发展和进步，人们越来越关注下一代的成长与发展。

国家“十四五”规划纲要提出，优化儿童发展环境，切实保障儿童生存权、发展权、受保护权和参与权。

儿童是国家的未来，是民族的希望，为了让他们在一个充满关爱与支持的环境中茁壮成长，越来越多的城市、社区和企业投身到“儿童友好”的实践中。《儿童友好中国实践案例》正是在这一背景下产生的，旨在汇集和分享各类成功的儿童友好实践案例，希望为推动中国儿童友好城市建设提供有用的经验和借鉴。在本书的编写过程中，我们始终把儿童的需求和利益放在首位，关注儿童成长的各个方面，力求为儿童创造一个富有关爱、公平、包容、安全、健康和有趣的生活环境。

本书的精选案例覆盖了多个领域，包括儿童友好街区、儿童友好社区、儿童友好学校、儿童友好医院、儿童友好公园、儿童友好场馆、儿童友好公益事业、儿童友好参与、儿童友好企业等。这些案例具有代表性、创新性和实践价值，展示了各个领域在儿童友好实践方面所取得的成功经验。

在儿童友好街区方面，我们关注街区的规划与设计，注重儿童的安全和便利性，为儿童提供友好的交通环境和适合其游玩的公共空间。

在儿童友好社区方面，我们强调与社区的共建共享，鼓励邻里互助和亲子互动，力求打造一个温馨、和谐的社区环境，为儿童提供良好的成长条件。

在儿童友好学校方面，我们关注学校的教育质量和教育环境，提倡素质教育和全面发展，为儿童提供优质的教育资源和培养机会。

在儿童友好医院方面，我们关注医疗服务的专业性和人性化，为儿童提供温馨、温暖的医疗环境，让他们在治疗过程中感受到关怀和支持。

在儿童友好公园和场馆方面，我们注重提供丰富多样的游戏和娱乐设施，为儿童创造更多有趣、健康的娱乐空间。

在儿童友好公益事业方面，我们鼓励社会各界关注儿童福利和权益保障，推动儿童公益事业的发展，为弱势儿童提供帮助和支持。

在儿童友好参与方面，我们倡导儿童参与社会事务和决策，尊重他们的意见和权利，培养他们的公民意识和社会责任感。

在儿童友好企业方面，我们鼓励商业机构和企业关注儿童需求，推出适合儿童的产品和服务，积极履行社会责任。

通过展示这些儿童友好实践案例，我们希望能够为读者呈现一个全面的、立体的儿童友好生活图景，为推动中国儿童友好城市建设提供有用的经验和借鉴。我们相信，只有在一个真正儿童友好的社会中，孩子们才能快乐成长，才能展现他们的无限潜力，长大以后才能为社会的进步和发展作出更大的贡献。

由于案例征集时间有限，许多优秀案例未能入选。我们将以本书的出版为契机，在未来建立长期征稿和出版机制，敬请各地儿童友好实践单位关注公众号“童联萌”上的有关信息。

《儿童友好中国实践案例（第一辑）》编委会

目录

第 1 章

—

概论

一、高质量建设中国儿童友好城市的六点建议

儿童是家庭的希望，国家和民族的未来。《中华人民共和国国民经济和社会发展第十四个五年规划和 2035 年远景目标纲要》部署了“优化儿童发展环境”的重点任务。2021 年 10 月，国家发展和改革委员会、国务院妇女儿童工作委员会办公室、住房和城乡建设部等 23 个部门联合印发《关于推进儿童友好城市建设的指导意见》。两年来，各省级政府有关部门制定本地区儿童友好城市建设实施方案，各市级政府积极履行建设主体责任，整体制定落实建设方案，取得了一定成效，积累了一批经验。本书针对目前各界存在的共同困惑，以及如何高质量建设中国儿童友好城市，提出浅见，供儿童友好城市建设决策者和参与者参考。

1. 将儿童友好城市建设工作纳入城市宏观视域，立足城市发展战略目标，结合城市存量禀赋、增量资源和变量机会

当今城市化进程中，儿童面临的各种问题逐渐凸显，儿童友好城市建设成为城市可持续发展理念的重要组成部分。

离开城市发展谈儿童友好不现实，离开儿童友好谈城市发展不全面，儿童友好城市建设应作为城市发展战略的重要组成部分。

根据城市的基本情况，制定符合实际的儿童友好城市规划，旨在为儿童创造更加安全、健康、便捷和舒适的生活环境。这一过程需要综合运用城市规划、经济、社会、环境、人文等多方面的理论和方法，形成有机的、系统的儿童友好城市发展框架。

2. 深刻认识儿童友好城市建设是一个“跨领域、跨部门、跨学科、跨行业和跨代际”的融合创新工程

儿童友好城市建设是一项复杂的工程，需要各领域、各部门、各学科、各行业、各代人的协同合作。儿童友好城市建设需要在城市规划、交通、环保、公共服务等多个领域进行整合，需要政府、企业、社会组织、媒体等多个部门的共同参与，需要城市景观、建筑设计、心理学、社会学等多个学科的协同研究，需要儿童权益、家庭教育、社区管理等多个行业共同探讨，需

要不同年龄段、不同背景的儿童和家长广泛参与。

从《关于推进儿童友好城市建设的指导意见》的联合印发单位可见，中国儿童友好城市建设责任主体不再是某个单一部门，而是由国家发展和改革委员会、国务院妇女儿童工作委员会办公室、住房和城乡建设部等统筹协调儿童友好城市建设工作。

3. 率先夯实儿童友好城市建设社会基础的三大重点：出台指引、理念传播和示范点建设

儿童友好城市建设社会基础的夯实是儿童友好城市建设的关键。以下三项工作应率先开展：

出台指引是儿童友好城市建设的基础，需要制定并出台相关政策和建设指引，明确儿童友好城市建设的发展目标、主要任务、原则标准和实施路径。

理念传播是儿童友好城市建设的动力，需要通过媒体、教育、文化等途径普及儿童友好城市建设的理念和价值观，提高全社会对儿童友好城市的认识和关注度。

示范点建设是儿童友好城市建设的样板，需要在城市中选取示范区域、示范项目，推广儿童友好城市建设的最佳实践。

4. 建立起儿童友好城市建设成果惠及全社会的可持续路径：从政府到产业、商业、生活

儿童友好城市建设成果不仅惠及儿童和家庭，更能够惠及全社会，成为推动城市可持续发展的力量。

儿童友好城市建设需要政府、产业、商业、社区、家庭等方方面面力量共同参与，需要全社会的共识和行动。政府应该在政策、投资、规划等方面提供支持，产业和商业应该在产品、服务、营销等方面提供支持，社区和家庭应该在环境、教育、文化等方面提供支持。

只有儿童友好城市建设成果具有常态化和广泛性，惠及更广大利益相关者和群体，最终被社会各界自觉践行，其意义才能得到真正实现。

5. 利用好儿童友好城市建设的创新法宝：多元参与和儿童参与

多元参与指的是政府、企业、社会组织、媒体等各种力量的共同参与，弥补政府资源的不足，增强社会共识和行动力，形成合力共同推动儿童友好城市建设。

儿童参与指的是让儿童成为儿童友好城市建设的参与者和受益者，让他们通过“儿童观察团”等平台参与城市规划、社会生活、社区发展、家庭事务，使得儿童友好城市建设决策能真正反映儿童需求，使儿童友好政策和行动更加切合实际，并促进儿童权益的实现和城市环境的改善。

6. 积极总结国内实践成果和学习国外先进经验，讲好中国故事，做强本土落实

儿童友好城市建设是一个全球性的议题，各国都在探索和实践。

在推进中国儿童友好城市建设过程中，一方面应积极总结国内的成功经验，特别是在理念创新、体制机制创新、方法路径创新等方面进行理论提炼；另一方面应学习借鉴国外的成功案例，并结合中国国情进行本土化落实。

同时，也要加大对外宣传，向国际社会讲好中国故事，彰显中国儿童友好城市建设的独特性、成效性与贡献性，通过向国际社会分享，为全球儿童友好城市建设作出贡献。

二、儿童友好城市建设初期应重视的几项工作

1. 儿童友好城市建设中跨领域合作的重要性

在全球范围内，越来越多的城市开始认识到儿童友好城市建设的重要性。儿童友好城市不仅是一个适合儿童成长和发展的城市，更是一个关注儿童权益，为儿童提供良好生活环境的城市。为了实现这一目标，我们需要跨越多个领域、部门、学科、行业和代际，共同努力，打造一个真正的儿童友好城市。

（1）多领域：儿童友好城市建设需要涉及教育、医疗、交通、住房、环保等多个领域。在教育领域，要关注儿童的学习环境，提高学校设施水平，优化课程设置，关注学生心理健康。在医疗领域，要关注儿童的身体健康，提高医疗服务质量，加强儿童医疗机构建设。在交通领域，要关注儿童的出

行安全，优化公共交通设施，提高道路安全意识。在住房领域，要关注儿童的居住环境，推动绿色建筑发展，完善住房政策。在环保领域，要关注儿童的生活环境，加强环境监测，严格污染治理。

（2）多部门：在儿童友好城市建设中，政府部门、企业、社会组织、家庭以及儿童自己都是关键的参与者。政府部门要制定相关政策，推动儿童友好城市建设；企业要履行社会责任，关注儿童利益；社会组织要积极参与，推动社会共识；家庭要关注儿童成长，为儿童提供良好的教育和生活环境；儿童自己也要积极参与，发挥自己的力量。

（3）多学科：儿童友好城市建设涉及心理学、教育学、医学、社会学、建筑学等多个学科。心理学可以帮助我们了解儿童的心理需求，为建设更加适宜儿童成长的环境提供支持；教育学可以帮助我们优化教育资源配置，提高教育质量；医学可以帮助我们关注儿童健康，预防和治疗儿童疾病；社会学可以帮助我们了解儿童在社会中的地位和需求；建筑学可以帮助我们设计更加适合儿童居住和活动的场所。

（4）多行业：儿童友好城市建设需要各行各业的共同参与。教育、医疗、交通、住房、环保等行业要密切合作，共同为儿童提供优质的服务；设计、建筑、规划等行业要关注儿童需求，为儿童打造合适的生活空间；媒体、广告、互联网等行业要宣传儿童友好城市的理念，引导社会关注儿童权益。

（5）多年龄段：儿童友好城市建设需要跨越代际，关注不同年龄段的儿童。幼儿、儿童、青少年等不同年龄段的儿童有不同的需求，我们要根据不同年龄段的特点，为他们提供定制化的服务。同时，我们还要关注儿童与其他年龄段的互动，推动跨代际交流，帮助儿童更好地融入社会。

2. 儿童参与和社会共建是中国儿童友好城市建设的创新机会点

随着城市化进程的不断推进，如何为儿童提供一个更加适宜成长的环境成为一个亟待解决的问题。在中国儿童友好城市的建设中，儿童参与和社会共建成为创新的机会点，有助于更好地满足儿童的需求和保障儿童权益。

（1）儿童参与：强化儿童主体地位

儿童参与是指让儿童主体在城市建设中发挥积极作用，让他们参与决策、规划、设计、管理等环节。儿童参与有助于提高城市建设的针对性和有效性，保障儿童权益。

① 儿童议事：为儿童提供表达意见和参与决策的平台，让他们发挥积极作用，踊跃参与城市建设。

② 儿童规划：让儿童参与城市规划的讨论，提出对学校、公园、交通等方面的建议和需求，使城市更加符合儿童成长需求。

③ 儿童设计：鼓励儿童参与公共空间、公共设施和公共活动的设计，使设计更具亲和力和吸引力，让儿童在其中度过快乐时光。

④ 儿童管理：让儿童参与社区、学校等场所的管理，如小小志愿者，以此来培养他们的责任感和公民意识，增强他们的归属感。

（2）社会共建：激发社会力量

社会共建是指通过政府、企业、社会组织、家庭、儿童等多方共同参与，共同推动儿童友好城市建设。社会共建有助于调动各方资源，形成合力，推动儿童友好城市建设。

① 政府引导：政府要发挥引导和推动作用，制定相关政策，加强对儿童友好城市建设的投入和支持。

② 企业参与：企业要履行社会责任，参与儿童友好城市建设，为儿童提供优质的产品和服务。

③ 社会组织协作：社会组织要发挥桥梁作用，联合各方力量，推动儿童友好城市建设。

④ 家庭支持：家庭要关注儿童成长，为儿童提供良好的教育和生活环境，支持儿童参与城市建设。

⑤ 儿童自主：儿童要发挥积极作用，踊跃参与城市建设，为自己的未来贡献力量。

通过儿童参与和社会共建，中国式儿童友好城市建设能够更好地满足儿童需求，保障儿童权益，促进儿童全面发展。社会各界共同努力，为儿童创造一个更加美好的未来。

3. 儿童友好城市建设，要注重因地制宜，鼓励各地根据当地文化、地理、经济、产业等特征开展创新，提供可推广、可复制样板

在构建儿童友好城市的过程中，因地制宜是非常重要的一环。各地区在

地理环境、文化背景、经济发展水平和产业结构等方面都存在很大差异，因此，不能简单地照搬别处的成功经验，应该根据本地的实际情况进行探索和创新。

（1）充分挖掘当地的文化资源，将当地的特色文化融入儿童友好城市建设中。这不仅可以帮助孩子们了解和传承乡土文化，还可以提高城市的文化品位和吸引力。例如，某地有丰富的民间艺术资源，可以在公共空间设立民俗艺术体验区，让孩子们在游玩的同时，学习和传承民俗艺术。

（2）充分利用地理环境优势，打造适合儿童成长的自然空间。不同地区的地理环境各具特色，可以根据实际情况，开发出富有地域特色的儿童活动场所。例如，山区可以建设登山步道、攀岩区等，让孩子们在锻炼身体的同时，增加对自然的亲近度和认知。

（3）因地制宜地发展适宜儿童的产业。各地可以根据自身的产业特点和优势，发展一批儿童教育、娱乐、服务等产业，为儿童提供丰富的成长空间。同时，这些产业在发展的过程中可以带动就业，为某些需要工作的家长提供便利的工作机会，从而使家庭和社会更加稳定和谐。

（4）鼓励各地进行儿童友好城市建设的创新实践，形成可推广可复制的样板。政府部门可以通过设立专项资金、举办竞赛等形式，激发各地的创新潜能，推动各地在儿童友好城市建设中取得更多的突破和成果。

4. 搭建儿童友好中国实践案例的传播平台，是当下各地开展儿童友好城市建设决策者和参与者的强烈需求

随着儿童友好城市建设的不断推进，各地纷纷探索出许多成功的实践案例。然而，这些案例的有效传播和推广面临很大挑战。因此，搭建一个儿童友好中国实践案例的传播平台显得尤为重要。传播平台的建设将有助于各地决策者和参与者交流经验、借鉴成功做法，推动儿童友好城市建设更加科学、高效、协同。

传播平台的建设应遵循以下原则。

（1）系统性：平台应系统地收集、整理、分析各地的儿童友好实践案例，以形成一个完整、综合的知识体系。

（2）动态性：平台应定期更新实践案例，以便各地及时了解最新的发展动态和趋势。

（3）开放性：平台应以开放的态度吸纳各方的意见和建议，鼓励各地积极分享自己的实践经验，形成有效的互动和交流。

（4）专业性：平台应邀请专家学者参与案例的筛选、评估和解读，确保所提供的信息准确、权威、有价值。

（5）多元性：平台应充分考虑各地区的特点和需求，注重实践案例的多样性，以满足不同地区的决策者和参与者的需求。

（6） 可操作性：平台应着重展示具有可操作性的实践案例，以便各地决策者和参与者能够根据自身实际情况进行借鉴和应用。

搭建儿童友好中国实践案例的传播平台，将有助于形成一个全国范围内的儿童友好城市建设经验共享网络，提高各地的政策制定和执行效果，为儿童创造更加美好的成长环境。同时，这也有助于推动我国儿童友好城市建设走向国际舞台，有助于同世界各国分享我们的成功经验，共同促进全球儿童友好城市建设的发展。

第 2 章

—

儿童友好街区

引言：儿童友好街区的实践创新

儿童友好街区的实践创新是指在城市街区规划、设计和建设过程中，充分考虑儿童的需求和权益，创造出安全、健康、包容和富于启发性的街区环境和以促进儿童全面发展为目标的城市空间。儿童友好街区的范围包括街道、广场、公园、游乐场、学校等公共空间，涉及交通安全、环境保护、公共设施建设等多个方面。

儿童友好街区的实践创新，可以在以下几个方面开展。

（1）设计与规划：在城市规划和街区设计中，充分考虑儿童的需求，包括提供安全的步行和骑行环境、设置儿童游乐设施、保留绿色空间和自然环境等。通过创新设计，打造更具亲和力和吸引力的儿童友好街区。

（2）交通与安全：优化街区交通组织，确保儿童出行的安全。例如，设置减速带、人行道和自行车道，增设交通信号灯和标志，提升道路交通安全意识等。

（3）社区参与：鼓励社区居民、学校、企业等多方参与儿童友好街区的建设，共同营造关爱儿童的良好氛围。例如，开展亲子活动、组织志愿者服务、推动社区治理等。

（4）教育与文化：在街区内设置丰富多样的教育和文化设施，如图书馆、博物馆、艺术中心等，为儿童提供丰富的学习和成长资源。同时，在街区内设置民俗艺术体验区，使儿童在友好环境中传习民族文化，发扬民族精神。

（5）科技应用：运用智能科技手段，提高街区管理效能，同时提升儿童的生活品质。例如，利用物联网技术实现环境监测、安防监控等功能，为儿童提供安全舒适的生活环境。

（6）环境与可持续性：在儿童友好街区建设中，注重环境保护和可持续发展。例如，推广绿色建筑、节能技术，提高资源利用效率，降低环境污染，为儿童创造一个绿色、环保的成长空间。

案例 2-1 ｜温州市鹿城区：儿童成长场景处处可见

案例推荐｜温州市鹿城区

温州市鹿城区以该市争创全国儿童友好城市试点为契机，立足“生活、成长、关爱”三大儿童友好基础场景，制定区级三年行动计划（2022—2024 年），系统推进九类 42 个试点建设。第一批 7 个试点高分通过验收，创成省三星妇女儿童服务驿站 1 个，先后获评全国家庭教育创新实践基地、全国区域教育发展特色示范区、省实施妇女儿童“十二五”“十三五”发展规划示范区。

一、聚焦推门可见、处处可感，提速建设儿童生活场景

图 2-1　幸福小学堂和童趣乐吧（图片来源：鹿城区妇联）

1. 新建一批地标式场馆

围绕“儿童 + 文化创意”等新模式、新业态，全速推进总投资 3.4 亿元的 10 个主题场馆建设，打造民俗传承、休闲游憩、文体产业等主题的儿童

乐园。建成了以“童谣”为主题的数字化方言综合体验馆，以及“体育 + 儿童”综合体（威斯顿智体小镇），其中儿童、亲子类业态占比达 85% 以上。

2. 打造一批适儿化场所

充分利用社区零散场地、小规模绿地等闲置空间，整合城市书房、文化礼堂等共享空间，因地制宜打造集科普、阅览、手工、游乐等功能于一体的儿童室内外游乐场地。200 个小区落地建设室内“幸福学堂”和室外“童趣乐吧”，落实小区儿童室内外活动空间超 8500 平方米，建成精品型儿童友好小区、儿童友好城市书房，累计开展各类儿童实践服务活动 800 余场次。

二、聚焦幼有善育、学有优教，精准搭建儿童成长场景

图 2-2　“体育 + 儿童”综合体（图片来源：鹿城区妇联）

1. 构建专业化托育体系

建立完善 3 岁以下婴幼儿照护服务政策制度和标准规范，成立婴幼儿照护服务指导中心和实训基地，组建婴幼儿照护服务专家库，系统推进托育机构规范化、普惠性运作。全区已纳入系统管理的托育机构 80 所，托位数 3.26 个 / 千人。

2. 数字赋能学前教育

全面实施区域学前教育智能化管理工程，构建以幼教学段云呵护、云慧玩和云管家为应用场景的智慧管理项目，建立生长发育、膳食营养、运动健

康等指标 21 项，及时生成晨检、流行病、膳食、运动、发育等预警信息，描绘幼儿健康成长、教师优质育人、家园高效共育三大数字画像。该系统已实现全区公办幼儿园全覆盖，生成幼儿成长档案 1 万多份。

3. 创新变革教育理念

引入“21 世纪核心素养 5C 模型”，5C 模型包括文化理解与传承（Cultural Competency）、审辩思维（Critical Thinking）、创新（Creativity）、沟通（Communication）、合作（Collaboration）共 5 个方面，构建涵盖文化传承、审辩思维、创新、沟通、合作的五大课程体系，推进学生德智体美劳全面发展。创建“双减”揭榜挂帅机制，推动作业管控、营养配餐、线上优学等硬核举措落实落细，义务教育阶段课后托管实现全覆盖，学生课后托管率达 86% 以上。

三、聚焦有行有效、走心走实，系统打造儿童关爱场景

1. 畅通诉求表达渠道

构建儿童从需求表达到建议落实的全流程机制，成立首批社区儿童议事会 5 个、学校儿童议事会 7 个、儿童志愿队 100 余人，开展“红领巾小小楼道长”等十余类儿童助力基层治理活动 130 余场，落地温州市首条彩色斑马线、首个“红领巾”微公交品牌专线。

图 2-3　温州市首条彩色斑马线（左）和儿童体验活动（右）（图片来源：鹿城区妇联）

2. 完善慈善救助机制

不断健全“政府主导、部门协同、社会参与、公益支持”的帮扶格局，成立“双征集”“蓝色星星”“关爱未成年人慈善基金”等专项基金，发挥心智障碍者家庭资源中心阵地作用，开展“蓝色纸飞机”自闭症儿童关爱行动等活动，全力构建包容友爱的社会环境。筹集帮扶资金约 150 万元，开展融合绘画、趣味运动会、自主生活培训等各类关爱公益活动 100 余场。

案例 2-2 | 杭州市南星街道：爱心服务暖童心，宋韵文化润童心

案例推荐 | 杭州市上城区妇联

图文 | 《杭州日报》

图 2-4　南星社区儿童活动中心（图片来源：上城区妇联）

早上，儿童们在父母的陪伴下来到家门口的儿童公园玩耍；玩累了，便可“躲”进南星·有意思书房阅读童书；下午，相约小伙伴们到山南学研基地上一堂南宋官窑鉴赏课……上城区南星街道的孩子们正在过一个丰富多彩的暑假。

近年来，南星街道以杭州市建设儿童友好城市为契机，大力打造儿童友好街区，从空间布局、服务体系、特色文化等多个维度落地实施儿童友好实践活动，让孩子们真正成为街区“小主人”。

一、爱心服务暖童心

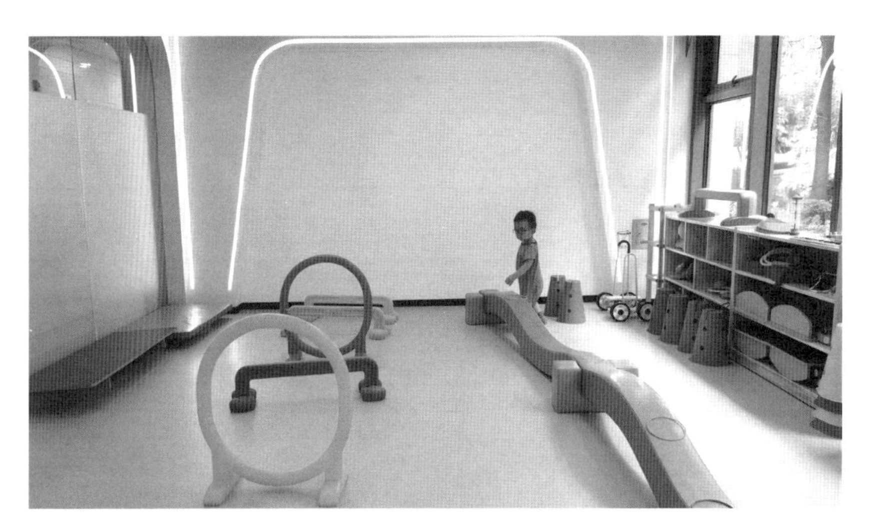

图 2-5　南星社区儿童活动中心（图片来源：上城区妇联）

“我家孩子胆子有点小，出门都喜欢躲我身后，该怎么办？”这是一个来自家长的问题。随着浙江省首个专业领域社会工作站——儿童社会工作站的落地，家长们类似的养育困惑中有很多会得到解决。

“在专业老师的指导下，配合道具器材，以儿童喜爱的游戏为服务手段，帮助儿童激活大脑在肢体协调、反应能力、改善情绪、读写学习等方面的运用能力，促进儿童内外感觉系统发展。”儿童社会工作站负责人赵越介绍，工作站内设儿童专属的感统游戏室、沙盘游戏室、绘本阅读室、益智游戏室、触觉艺术游戏室等不同功能室，可以为社区 0 ～ 12 岁儿童提供感觉统合训练及家庭关爱指导。

图 2-6　南星社区儿童活动中心（图片来源：上城区妇联）

“做儿童的引路人、守护人、筑梦人，助力儿童全面健康成长”，这是南星街道打造儿童友好街区的应有之义。针对困境儿童的实际困难和突出问题，南星街道启动了困境儿童服务关爱项目，组建社区专业护童队伍，开展问题调查、需求评估、制定计划、实施服务等 10 余项工作，社区纪检委员同步跟进项目，为不少困境儿童带去了便利和温暖。

同时，南星街道还以水澄桥社区为试点，联动辖区杭州陶子幼儿园，在全市率先开展驻校社工服务，由专业机构社工携手儿童家庭、班级等，组织童话主题班会、偏差幼儿甄别、个案跟踪等家庭服务，同步编写了《儿童社会工作操作手册汇编》，为杭州首个由街道独自编写的手册，为全市专业儿童服务提供了南星范本。

二、宋韵文化润童心

“有意思，不仅能看书，还能时不时参加下活动。”复兴南苑居民张女士如是称赞家门口的南星·有意思书房。暑假到了，来书房的孩子们络绎不绝，暑期举办的“绘莲话廉”亲子绘画等各类“宋潮”活动深受他们喜爱。另外，书房作为全区首个石榴籽驿站，同步举办了民族团结活动，也让孩子们深入了解民族风情文化。

图 2-7 南星·有意思书房（图片来源：上城区妇联）

图 2-8 城市书房公益活动（图片来源：上城区妇联）

除了城市书房的暑期公益活动，还有社区儿童之家和娃娃童读馆策划开展的“走读新南星”亲子研学、“童玩·夏令营”“阅读活动”……暑期活动的丰富，得益于南星街道提供了儿童友好的空间环境——近年来，南星街道充分利用辖区资源，聚力共建儿童友好环境空间。比如借助老旧小区微更新，改建复兴南苑儿童公园、亚运主题运动公园等，增设动感攀爬墙、红船运动滑梯、五彩跑道等娱乐设施，填补了南星地区儿童友好公园的建设空白。

依托深厚的历史文化积淀，清廉南星为民干实事的氛围，南星街道还将以“一厅一馆”全域打造沉浸式宋韵文化体验街区，以宋韵贯穿儿童友好文化建设全过程。

“一厅即全新打造以儿童文化为出发点的街区会客厅，一馆指的是优秀传统文化山南研学基地。”南星街道负责人说道，关爱儿童就是守护未来，街道将设置“童心向党童言献策”专用意见征集邮筒，俯身聆听孩子的心声，把儿童友好理念和行动落实落细，让儿童友好街区内涵更丰富，形象更出彩。

儿童友好快评 · 案例创新点

1. 专业儿童社会工作站：南星街道成立了浙江省首个专业领域社会工作站，提供专业的儿童服务。工作站内设不同功能室，为社区 0 ~ 12 岁儿童提供感觉统合训练和家庭关爱指导。通过游戏和道具器材，帮助儿童发展协调能力、反应能力、情绪管理和学习能力。

2. 困境儿童服务关爱项目：南星街道启动了困境儿童服务关爱项目，组建了专业护童队伍，通过问题调查、需求评估、制定计划和实施服务等工作，为困境儿童提供便利和温暖。

3. 驻校社工服务：南星街道联动辖区的陶子幼儿园，在全市率先开展驻校社工服务。专业机构社工与儿童家庭和班级合作，组织家庭服务活动，如童话主题班会、幼儿甄别和个案跟踪，为儿童提供全面的社会工作服务。

4. 儿童友好空间环境打造：南星街道通过利用辖区资源，共建儿童友好环境空间。改建儿童公园和运动公园，增设娱乐设施，填补了南星地区儿童友好公园的建设空白。

5. 沉浸式宋韵文化体验街区：南星街道以深厚的历史文化积淀为基础，打造沉浸式宋韵文化体验街区。通过建设儿童文化街区会客厅和山南研学基地，将优秀传统文化融入儿童友好文化建设，并倾听儿童的意见和建议。

案例 2-3 | 深圳市园岭街道：跑出儿童友好“加速度”

案例推荐 | 深圳市福田区妇联

图文：《深圳特区报》

图 2-9 “9 园 9 景”上步绿廊公园带串珠成链（图片来源：深圳特区报 记者 杨浩瀚 摄）

党的二十大报告提出，坚持以人民为中心的发展思想。随着城镇化的不断提高，越来越多城市如今把儿童友好城市建设作为坚持以人民为中心的发展思想的重要抓手和更高目标。深圳被国家发改委列为第一批建设国家儿童友好城市，“率先创建儿童友好城市”，还被国家发改委列入深圳经济特区创新经验，向全国推广。

“童”频共“圳”，福田区园岭街道跑出儿童友好“加速度”，成效显著。园岭街道百花儿童友好街区于 2020 年 9 月正式开街，是全市首个儿童友好街区，已经成为深圳建设儿童友好城市的新名片。

一、以儿童为尺度重建街区

一到放学后或周末，园岭街道百花儿童友好街区的门户花园就成了欢乐的海洋。小朋友们自由自在地荡秋千、滑滑梯、跳房子、溜冰……大人们坐在大树下的石凳上，不时拿出手机给孩子们拍照。

园岭街道百花儿童友好街区位于拥有 11 所学校的百花片区，包括百花二路及上步路东西沿线。街区在设计之初就邀请多名小朋友参与设计，将儿童天性融入设计理念，以儿童喜欢的方式打造街区场景。全长约 750 米的百花二路，周边分布着门户花园、心灵角、童梦乐园、百花儿童音乐剧场、变奏曲围墙、轮滑天地、百花农场等游戏场所和设施，允许他们自己去定义游戏规则和探索玩法，成为小朋友们放学、周末、假期必来的打卡游乐地。

家住附近的李女士告诉记者，她的儿子今年 7 岁，以前在家没人陪着玩，就喜欢玩平板电脑或手机。自从儿童友好街区开放了，孩子几乎天天都要来，经常夜色已浓还意犹未尽。

园岭街道发力建设“儿童友好街区”，有自身的现实考量。辖区学校多、未成年人口数超 3 万，“护航”未成年人健康成长责任重大。如今，在园岭街道，适儿化改造的公共服务设施空间处处可见，火箭公园、UFO 基地、“9 园 9 景”上步绿廊公园带串珠成链……2020 年 12 月，冰岛驻华大使等 22 国驻华使节和代表来访时都纷纷“点赞”：“儿童友好街区展现了深圳市民生活的高质量。”

二、儿童友好（FRIENDLY[1]）= 宜学、宜乐、宜居、宜安

到底什么是儿童友好？在园岭街道，记者找到了答案：儿童友好不仅是硬件设施、场地环境的友好，还是公共服务的友好，更是教育观念上的友好。

友好街区的场地有了，怎么做服务？园岭街道搭建了“1+7+*N*”儿童议事会平台，邀请儿童参与社区治理，倾听他们的声音、了解他们的需求。园岭街道搭建起由 1 个街道儿童议事会，7 个社区儿童议事会，*N* 个幼儿园、中小学儿童议事会组成的“1+7+*N*”全新体系，围绕“空间适儿化改造”“社区治理”“儿童创文”等主题开展儿童议事工作，吸纳儿童议事员，真正将儿童友好街道建设主线和思路交给孩子们做主。

现在的园岭街道，不再以成人视角去为儿童设定规则，而是通过儿童议事会平台广泛收集儿童代表们的需求和建议，探索性地为儿童提供订单式服

1　F(Fitness 健康)、R(Recreation and sport 文体)、I（Insurance 社会保障）、E（Education 教育）、N(Necessary traffic 出行)、D(Discover of games 游戏)、L(Legal protection 法律保护)、Y(Yuanling's Community and Family 园岭社区与家庭）。

务。组织开展“儿童+技能”“儿童+艺术”“儿童+教育”“儿童+体育”“儿童+游乐”等系列公益课程。

经过多年深耕研究，园岭街道以“儿童友好”为核心，从“FRIENDLY”八个方面着力，打造了宜学、宜乐、宜居、宜安的儿童友好城市公共空间。

三、打造“幼有善育”基本公共服务标准化“园岭样本”

为了让基本公共服务标准落实落地，福田区选取园岭街道百花儿童友好街区作为专项示范点，率先探索“幼有善育”基本公共服务标准体系。园岭街道邀请多位党代表、人大代表、政协委员来该示范点实地考察，为示范点建言献策。同时，在该示范点的儿童议事厅内，社区儿童议事会的儿童代表也在“议事”。“我们希望社区里适合儿童玩耍的游乐设施增多一些，让儿童可以放下手机，多进行户外活动……”园岭街道工作人员表示，下一步儿童友好街区的建设，会充分融合儿童代表们的奇思妙想。

儿童议事厅只是该示范点提供的众多服务功能之一。据介绍，该示范点占地面积约600平方米，以“参与”“陪伴”“守护”三大主题为指引，内设“儿童之家、家庭教育指导中心、家庭发展服务中心”三大板块，包含儿童议事厅、幼儿天地、母婴室、幸福家庭心灵驿站、儿童友好学院、父母成长课堂、家庭健康促进站、家庭文化促进站、家庭健康咨询站等功能区。“一地两厅、一学院一课堂、两室三站”涵盖婴儿、幼儿、少年、青年、父母家长等全龄段友好空间，初步形成了游戏互动、议事参与、课外活动、家庭教育、健康管理、法律服务等“参、娱、教、防、保、康”六位一体融合服务体系，为儿童友好空间服务进行了积极的探索和生动实践。

“一个儿童背后是一个家庭，儿童友好不仅是对儿童友好，还是家庭教育和家庭发展的关键。我们将以儿童友好服务为抓手，服务好园岭街道每一个家庭、每一个居民。”园岭街道党工委书记钟义应表示，下一步园岭街道将把儿童友好街区作为推进以人民为中心的社会治理现代化建设的重要抓手，打造基本公共服务标准化的“园岭样本”，谱写儿童友好新篇章，描画美好园岭的多彩图景。

儿童友好快评 · 案例创新点

1. 以儿童为尺度重建街区：街区在设计之初邀请多名小朋友参与设计，将儿童喜欢的元素融入街区场景，以儿童为中心打造具有儿童友好特色的场所和设施。

2. 儿童参与社区治理：通过搭建“1+7+N”儿童议事会平台，邀请儿童参与社区治理，倾听他们的声音和需求，探索性地为儿童提供订单式服务，并组织开展相关公益课程。

3. 宜学、宜乐、宜居、宜安的儿童友好城市公共空间：以“FRIENDLY”为核心，从健康、文体、社会保障、教育、出行、游戏、法律保护、社区与家庭等方面打造儿童友好城市公共空间。

4. “幼有善育”基本公共服务标准化：园岭街道作为示范点，率先探索并落实“幼有善育”基本公共服务标准体系，提供多样化的服务功能，包括儿童议事厅、家庭教育指导中心、家庭发展服务中心等，构建全龄段友好空间和融合服务体系。

5. 推动社会治理现代化建设：园岭街道将儿童友好街区作为推进以人民为中心的社会治理现代化建设的重要抓手，打造基本公共服务标准化的示范点，为儿童友好城市的建设作出积极贡献。

案例 2-4 | 杭州市杨柳郡社区：开辟儿童友好街区建设工作新格局

案例推荐 | 杭州市上城区

杨柳郡社区是杭州市首个 TOD（Transit Oriented Development）地铁上盖项目，总人口约 1.2 万人，其中 80 后占比达 62%，是一个年轻现代、充满活力的社区。近年来，社区紧扣“1126”现代社区推进总架构[2]，以嵌入式“好街”为载体，重新解读存量空间、有效迭代优享文化、着力探索校社融通，开辟“儿童友好街区”建设工作新格局。

一、构建儿童友好街区矩阵

图 2-10 杨柳郡社区活动（图片来源：杨柳郡社区）

1. 解读盘活公共空间

充分整合 20 余个部门资源，按照“场地共建、资源共享”的原则，在杨柳郡社区 5800 平方米的公共活动区域中，打造集游戏、运动、课堂、阅读等功能于一体的儿童成长天地。

2. 积分牵动共享空间

积极构建儿童友好联盟矩阵，通过完善积分体系，发动商家及学校、养老中心等纳入弹性“X”空间共享计划，澎致小学校园的“五坊一空间”、“药食种植基地”、“纯真年代”书吧、“菲林盒子”影院、培训机构教室等，均成为社区“儿童友好街区”的 X 共享空间。

---

2 “1126”现代社区推进总架构，“1”指 1 个实施意见，即关于高质量推进共同富裕现代化基本单元建设，全面打造现代社区的意见。“1”指 1 套重要指标清单，即 2022 年度现代社区建设重要指标清单。“2”指 2 大载体，即“幸福邻里坊”和“争星晋位”两大载体。“6”指 6 大抓手，即“上统下分强街优社”攻坚行动，“党建统领网格智治”攻坚行动，“社区公共共服务优化提升”攻坚行动，“社区应急体系建设”攻坚行动，“五社联动提质增效”攻坚行动，“社区除险保安护航”攻坚行动。

3. 有机串联活力空间

杨柳郡社区配有 7 万平方米的空中花园，由 5 千米的慢行环道串联，沿途连接了邻里客厅、儿童成长天地、幼托机构、儿童志愿服务站等活力空间。道路实现完全人车分流，13 米的宽度完全保障了儿童在各活力体验点位之间无障碍安全滑行。

二、完善儿童友好街区服务

图 2-11 杨柳郡社区儿童议事会（图片来源：杨柳郡社区）

1. 配置丰富教育资源

社区内设有婴幼儿托育机构 1 家，幼儿园 2 所，小学 1 所，同时配套文化艺术、体育、科技等培训机构，让儿童不出社区即可享受专业优质的教育服务。

2. 营造潮邻儿童文化

基于潮邻文化特质为社区设计了 IP 形象“杨君柳妹”，这个 IP 形象符合儿童的审美特点。在街区多处放置此 IP 形象，获得儿童的喜爱。

3. 项目服务家庭教育

街社两级大力开展家庭教育进社区活动，通过公益创投加强对儿童成长服务指导类社会组织的培育，先后开展“家庭教育个案咨询”“家庭关系调和”等特色服务项目，建立居民家门口的儿童成长咨询服务平台。

三、推动儿童友好街区治理

图 2-12 杨柳郡社区儿童议事厅授牌仪式（图片来源：杨柳郡社区）

1. 以议事促治理

依托“云尚杨柳”小程序在线投票，由社区整合 108 家社区共建单位，跟进议案的办理落实，形成议事闭环，使更多的“社区事”通过“儿童议”得以解决，更多的“自家事”通过“大家帮”得以完成。

2. 以议事引资源

获得区红十字会、区卫健局等机构的大力支持，浙江大学医学院附属第一医院、杭州市第一人民医院、杭州市红会医院等联盟单位专人驻点，顺利在两个月内建成智慧健康站、24 小时智慧健康屋，并投入使用，让远程诊疗转诊体系落地在居民家门口。

3. 以议事融校社

大课间的常规体育锻炼改为“社区越野跑”，邀请家长参与，课间活动有机会变为亲子活动，通过“儿童优先、处处友好”理念的落地，进一步实现了儿童成长空间的有机拓展。

开设家长“大讲堂”，利用不同家长的专业背景知识为孩子传授科技、金融、食品安全等知识；开展社区实践活动，积极拓展杭州本土社会资源，利用面向社区的有亲和感的物理空间，实现课程育人、社区共育、社会共育的新型教育理念。

儿童友好快评 · 案例创新点

1. 儿童友好联盟矩阵：通过整合资源和创新服务，构建了儿童友好联盟矩阵，提供丰富的儿童成长空间和优质教育资源。

2. 多功能活动区域：在公共空间中打造了集游戏、运动、课堂、阅读等功能于一体的儿童成长天地，满足儿童多样化的需求。

3. 积分共享空间：通过积分体系实现商家、学校和其他机构纳入共享计划，将校园、书吧、影院等打造成儿童友好街区的共享资源。

4. 安全畅通交通环境：通过空中花园和慢行环道的连接，实现了人车分流和儿童安全滑行，创造了安全畅通的交通环境。

5. 丰富教育资源：配置了婴幼儿托育机构、幼儿园和小学，并提供文化艺术、体育、科技等培训机构，为儿童提供专业优质的教育服务。

6. 儿童参与决策：通过在线投票和议事闭环，实现儿童参与社区决策的机制，促进儿童权益的发展。

7. 健康服务便捷化：得到区红十字会和卫健局等支持，建立了智慧健康站和屋，实现健康服务的便捷化，为居民提供优质的医疗资源。

实践观点

儿童友好街区：介于城市尺度和社区尺度的重要场域

随着城市化进程的加速，儿童成长环境受到越来越多的关注。作为国家的未来和民族的希望，儿童的健康成长和全面发展至关重要。在这个背景下，儿童友好街区作为介于城市尺度和社区尺度之间的重要场域，成为城市规划和社区发展中的关键议题。

儿童友好街区的概念强调以儿童为中心，创造一个安全、健康、有趣的生活环境，满足儿童的成长需求和权益保障。它可以是一个街道、一个大型社区，甚至是一个特定主题的街区。无论规模大小，儿童友好街区都应以儿童的利益和需求为导向，通过规划、设计和社区参与来打造一个适宜儿童成长的场所。

首先，儿童友好街区的核心原则之一是满足“15 分钟生活圈”的要求。这一概念强调将儿童的日常生活需求放在街区尺度内解决，使他们可以在 15 分钟内就到达学校、公园、图书馆、娱乐设施等生活设施和活动场所。通过合理布局和便捷交通连接，儿童可以享受到更多的户外活动机会，促进他们的身体发展和社交能力培养。

其次，儿童友好街区应该提供丰富多样的公共空间，以满足儿童的游戏、娱乐和社交需求。这些空间可以是公园、广场、儿童游乐设施等，为儿童创造一个安全、有趣的环境，促进他们的身心健康发展。这些公共空间的设计应注重安全性和可持续性，例如采用圆角设计、安全防护设施等，确保儿童在游戏和互动中不受伤害。

此外，儿童友好街区应该鼓励社区居民的参与和互动。社区居民可以通过居民自治组织、社区活动等方式参与街区的规划、管理和改善工作。他们可以共同创建社区花园、设立邻里图书馆、组织社区活动等，为儿童提供更多的学习和社交机会。这种参与和互动可以增强社区凝聚力，促进邻里之间的交流和合作，形成一个真正温馨宜居的社区环境。

在儿童友好街区的发展中，政府、城市规划师、设计师、社区组织，以及居民都扮演着重要的角色。政府需要加强相关政策的制定和执行，提供必要的经费支持和规划指导。城市规划师和设计师应该充分考虑儿童的需求和利益，将儿童友好原则融入城市设计中。社区组织和居民则需要积极参与，发挥自身的主体作用，共同创造一个适合儿童成长的社区环境。

——城童 URKIDS（儿童友好战略顾问）

第 3 章

—

儿童友好社区

引言：儿童友好社区的实践创新

儿童友好社区是指在社区规划、建设和管理过程中充分考虑儿童的需求和权益，为儿童创造安全、健康、包容和富有启发性的生活环境，促进儿童全面发展的社区。儿童友好社区的范围包括城市和乡村社区，涉及住宅区、公共空间、教育设施、交通安全、环境保护等多个方面。

儿童友好社区的实践创新，在儿童友好街区的基础上，可以在以下几个方面进一步深化：

1. 基于数字技术的创新机会，如利用智能化设备和网络技术提升城市管理、信息服务和安全保障等，打造儿童友好的数字化社区。

2. 基于社会共治的创新机会，如组织社区志愿者和儿童团体积极参与社区管理和公共服务的提供，打造儿童友好的社会共治模式。

3. 基于绿色发展的创新机会，如倡导环保、低碳和可持续生活方式，建立绿色交通、公园和自然保护区等设施，打造儿童友好的绿色社区。

4. 基于多元文化的创新机会，如促进文化多样性，营建文化和娱乐设施，组织跨文化交流活动，打造儿童友好的多元文化社区。

案例 3-1 | 杭州市萧山区横一村：具有萧山辨识度的儿童友好乡村

案例推荐 | 杭州市萧山区

萧山区妇联凭借发布全国首个《儿童友好乡村建设规范》团体标准助力共同富裕基本单元建设实践案例，入选萧山区首批共同富裕最佳实践名单中的“公共服务优质共享先行示范”单位。

萧山区妇联根据省市妇联关于“共同富裕大场景中全域推动儿童友好城市建设，创新开展儿童友好城市试点建设工作”的要求和区委区政府在共富专题会上提出的加快打造“具有萧山辨识度，让群众有感、可示范推广”的标志性成果等要求，以横一村为试点，探索建设标准化儿童友好乡村，形成全国首个《儿童友好乡村建设规范》团体标准，打造可借鉴、可复制、可推广的标准范式。

一、坚持需求导向，让建设思路“有理有据”

1. 明确建设标准

坚持首善标准，在儿童友好城市建设的指导性意见下，不断探索儿童友好乡村“建什么”“怎么建”的具体路径，以横一村为示范点，带动南部特色美丽乡村，形成儿童友好乡村集群，最终形成萧山区儿童友好乡村建设标准范式的建设思路。

2. 定义两类友好

关注农村本地儿童友好，在社会政策、公共服务、权利保障、成长空间、发展环境等方面增加关爱儿童元素，让乡村的儿童共享改革发展的成果。关注城市儿童家庭友好，在“双减”的教育大背景下，满足城市家庭在传统中国乡村文化活动、亲子游乐、农业知识学习等方面的需求，以及学校劳动教育的要求。

3. 挖掘特色资源

根据打造共同富裕示范样板区的现实需求，通过儿童友好乡村建设，不断挖掘乡村地方特色资源，探索“研学 +”新模式的发展，引领美丽庭院经济，加快农村文旅和新媒体的深度融合，以亲子研学助推乡村共同富裕。

二、坚持发展导向，让萧山标准“有纲有目”

围绕建设基本原则、儿童制度建设、公共服务建设、权利保障建设、成长空间建设、文化环境建设、相关人员管理等 11 个方面，制定《儿童友好乡村建设规范》团体标准，该标准有 93 条，主要体现以下几个特点。

1. 为农村儿童提供标准化的政策保护

将儿童相关问题纳入行政村议事日程，明确年度内讨论儿童相关问题不少于

2 次。通过驻村人大代表议事活动中关注儿童保护问题等规定，促进乡村基层管理者深入了解儿童优先、儿童友好的相关政策，提高基层治理和家庭建设水平。

2. 为城市儿童提供标准化的乡村服务

通过对儿童活动区设计适童化的标准，儿童在乡村的生活、活动安全标准化的保护设施及措施等进行规定，指导乡村社区为城市家长带领孩子来到乡村学习农业知识、了解农村文化提供标准化服务。

3. 为儿童农业劳动基地提供标准化的建设要求

通过挖掘乡村特色和建设研学基地，建立乡村研学教育课程体系，设计适合儿童劳动教育的标准化课程内容，同时聘任有经验的实践导师，帮助农业劳动基地建设解决困难并获得提升。

图 3-1 乡村基地（图片来源：萧山区妇联）

图 3-2 未来科学空间实践基地（图片来源：萧山区妇联）

三、坚持效果导向，让“横一”模式“有花有果”

1. 做好“儿童 + 空间”文章

大力发展儿童友好村落空间，以“萧山·大地哒哒”为品牌，通过建设儿童安全设施、儿童公共服务设施，打造儿童生活有爱环境。特别是打造妇女儿童综合服务驿站，作为广大妇女儿童家门口的服务阵地，真正将服务落实至最小单元格。

图 3-3　萧山妇女儿童驿站（图片来源：萧山区妇联）

2. 做好“儿童 + 机制”文章

建立健全儿童参与议事机制、困境儿童家庭关爱帮扶机制等儿童友好的机制体制，服务儿童友好发展。如在横一村的如意山房成立小主人观察团，让儿童有机会参与乡村治理，定期召开主题会议，保障儿童参与权利。

3. 做好“儿童 + 研学”文章

着力开发儿童友好型研学课程，精心设置“守护国人的饭碗”“听见大地的声音”“触摸文化的温度”“发现水的力量”“看见大米的成长”“探索奇妙的‘柿’界”六大课程。

图 3-4 横一村如意山房（图片来源：萧山区妇联）

4. 做好“儿童＋劳育”文章

根据季节特点，分别设计“一次春播大地艺术”“一场穿越乡村挑战之旅”“一场大地丰收嘉年华”“一场江南民俗游园会”等四季农事劳动体验课程，让儿童在横一村农耕老师们的指导下，体验四季的农事农活，丰富儿童成长经历。

儿童友好快评 · 案例创新点

1. 首创全国儿童友好乡村建设规范团体标准：萧山区妇联通过以横一村为试点，制定了全国首个《儿童友好乡村建设规范》团体标准，涵盖了儿童关爱元素、乡村活动区设计、儿童农业劳动基地等方面。

2. 需求导向的建设思路：萧山区妇联坚持需求导向，明确了儿童友好乡村建设的标准和两类友好（农村家庭儿童友好和城市家庭儿童友好），并通过挖掘特色资源，推动乡村共同富裕。

3. 具有萧山辨识度的标志性成果：根据区委区政府的要求，萧山区妇联致力于打造具有萧山辨识度的标志性成果，通过儿童友好乡村建设，形成了可借鉴、可复制、可推广的标准范式。

4. 提供标准化的政策保护和服务：萧山区妇联通过制定标准，提供标准化的政策保护和服务，使农村儿童和城市儿童获得了相应的支持。例如，将儿童相关问题纳入行政村议事日程，规定乡村儿童活动区设计标准，指导劳动基地建设等。

5. 以儿童为核心的空间、机制和研学：萧山区妇联注重发展儿童友好村落空间，建立儿童参与议事机制和困境儿童关爱帮扶机制，开发儿童友好型研学课程，以及推动儿童参与劳育活动。这些举措使得儿童能够享受安全、友好和有益的成长环境。

案例 3-2 ｜成都市双林社区："小马路"是孩子安全玩乐的天堂

案例推荐｜成都市成华区双林社区、成都温暖家社会工作服务中心

一、双林社区儿童友好场景实践背景

双林社区地处成都市中心城区，是成都市二环路内典型老旧社区，人口约 2.5 万人，儿童 2760 余人，其中 0—12 岁儿童 1650 余人，特殊群体儿童 10 余人。双林社区住房陈旧，公共空间老旧并且被严重侵占，配套资源匮乏，可供孩子们在闲暇时光玩乐交往的公共空间非常少，并且缺少邻里之间交往的平台。社区居民迫切需要安全的、适宜儿童活动的空间、场地、设施及服务的场所，来满足社区家庭对孩子课外时段的亲子陪伴、社区成员同辈交往，以及社区儿童全面发展和社会化的需求。2020—2022 年，在成华区妇联、双桥子街道的指导下成立社区儿童议事会，从儿童的需求及权益出发，在社区资源条件极其有限的情况下，将儿童友好社区建设和老旧社区治理相联系，构思出双林儿童友好社区创建思路：在已有儿童之家的基础上，推动两个儿童友好点位微更新，推动社区家庭过程中参与，形成小规模、渐进式儿童友好社区环境。

图 3-5　双林社区内部道路（图片来源：成都温暖家社会工作服务中心）

二、双林社区儿童友好场景实践过程

通过成立社区儿童议事会，赋予儿童参与权，创建友好型社区，引导社区儿童以“一米视角”童助力、童参与、童发声、童行动来参与社区治理。2020—2022 年期间，社工带领儿童议事会成员通过社区“漫步”，筛选出可实施治理的闲置空间两处：无名巷和邻里中心二楼小花园。

1.“无名巷”华丽转身“小马路”

第一期儿童议事会围绕“给儿童一个户外空间”的议题展开讨论。议事成员们经过前期的踏勘，发现“无名巷”位于两个院落之间的荒芜地带，被商家侵占，垃圾堆积如山，车辆乱停乱放。而它的原有空间是一条不通车的小巷子，很适合改造为儿童安全户外活动空间。在社工的引导下小议事员们梳理出了 4 个工作阶段：（1）设计规划图纸，（2）清理垃圾，（3）收集可再利用的建筑材料，（4）涂鸦美化。

在社区街道工作者、社工、规划师、居民代表的帮助下共同商议可行性方案：第一步，根据儿童议事会的手绘图进行可实施优化；第二步，发动社区清洁工人及拾荒者，共同清理巷子里的废弃物；第三步，通过小议事员和社工的宣传和调动，社区居民将自家闲置的可再利用的建筑材料捐献给社区，使它们摇身成为“无名巷”的路基；第四步，路面做成拱形坡道，铺上彩虹色的塑胶跑道，增添了童趣。随着改造完成，无名巷有了新名字——彩虹“小马路”。

改造前商家侵占、杂物堆放

改造后趣味运动空间

图 3-6　双林社区内部道路（图片来源：成都温暖家社会工作服务中心）

2.“楼顶小花园”巧变双林社区“循环中心”

第二期儿童议事会围绕“邻里中心二楼小花园改造”的议题展开了讨论。社工引导小议事员们先确定改造主题，再针对主题围绕空间布局划分、设计要素、色彩搭配等进行讨论。为了更加充分地交流，小议事员们在现场绘制了空间设计草图。最终，通过讨论、表决，形成了设计成果，设计作品名称为“循环中心”，是以蚯蚓—土壤—植物—咕咕鸡构成的一个微循环生态系统。本议案得到社区的大力支持。“人与生物圈”的设计师受邀对“循环中心”作品进行优化，采用有机微更新方式将其打造成色彩丰富、高低错落、具有动植物趣味性的自然循环中心，为社区儿童及居民增添了一处户外自然教育场所。

改造前无人问津

改造后成为自然教育研学基地

图 3-7　双林社区循环中心（图片来源：成都温暖家社会工作服务中心）

随着两个成果的落地，家长们提出，孩子们放学后能自己到循环中心和彩虹坡道玩耍这一要求。但是沿路人车混杂，安全是家长们最担心的问题。经过社工、规划师、社区街道工作人员、居民代表共同探讨，准备将双林小学与两个微更新点位安全连接，推动孵化出时光森林儿童友好安全路项目。社区儿童和家长都为友好安全路线建言献策，还画出了社区儿童友好路线地图，并开展了儿童安全路宣传倡导，宣传儿童友好社区建设理念，提升社区家庭的集体意识。

儿童议事会 社区“漫步”

儿童手绘儿童友好通行路线

图 3-8　社区儿童和家长参与儿童友好安全路项目（图片来源：成都温暖家社会工作服务中心）

三、双林社区儿童友好社区实践成果

1.“小马路”成了孩童乐园和网红打卡地

经过对儿童友好社区建设营造，原来脏乱差的小巷变成了一个可供儿童运动、嬉戏的微空间。平时能看到放学的孩子带着平衡车、滑板车来“小马路”运动；爱美的孃孃、婆婆在这里拍照打卡；小马路上的拾荒者变身为环境卫士，每周都会对巷子清扫。社工在网红彩虹“小马路”组织举办了儿童平衡车、滑板车、飞盘比赛等数 10 场活动，近 200 人次参与。已建成 1 支小志愿服务队，由 5 人组成，他们参与“小马路”的志愿服务时长已超每周 5 小时。社区儿童说道：“这里再也不是脏兮兮的小巷子了，玩耍的时候也不用担心出现小汽车，现在的‘小马路’是我们安全玩乐的天堂。”

图 3-9　双林社区“小马路”（图片来源：成都温暖家社会工作服务中心）

2.“循环中心”更是社区家庭的循环中心

社区循环中心在组建完成后，社工联系不同资源，借助“人与生物圈”自然传习所及家庭教育专家讲授 + 社工助教 + 居民亲子参与的方式打造“自然研学 + 家庭教育双基地”，组织亲子活动，家长们承担起社区自然教育基地的动植物日常维护工作，也担任起社区家庭互助陪伴的角色。已培养社区自然辅导员 4 名、家庭教育指导员 3 名，还形成咕咕鸡养护志愿者小分队。她们策划的咕咕鸡培育、蚯蚓农场、一米菜园、环保产品 4 类工作坊开展了 20 场自然教育主题活动，约 300 人次参与。社区自然辅导员的自然教育课程也吸引了社区幼儿园的合作，社区、学校共同开展了 6 次校外研学活动，约 90 人次参与。相比之前小花园活动的无人问津，儿童和家长们现在都很积极地参与其中。

儿童友好安全放学路线从规划到落地，虽然当中遇到很多实际困难，但通过社工带动儿童，影响父母、长辈，柔性劝导 + 友好服务，为儿童友好交通环境的建设作出示范和贡献。通过儿童友好社区的建设，双林这个老旧社区被越来越多的居民珍惜，居民们拥有更多集体意识，更多的居民参与社区治理，社区由此变得充满活力、生机勃勃。

图 3-10　双林社区自然教育活动（图片来源：成都温暖家社会工作服务中心）

儿童友好快评 · 案例创新点

1. 儿童议事会：成立社区儿童议事会，赋予儿童参与权，引导儿童参与社区治理，从儿童的需求和权益出发，推动儿童友好社区建设。

2. 微更新点位改造：通过儿童议事会的讨论和参与，对闲置空间进行改造，打造儿童友好的户外空间，如将无名巷改造为安全的儿童户外空间，命名为彩虹“小马路”。

3. 社区循环中心：通过儿童议事会的参与和社区支持，改造邻里中心二楼小花园为循环中心，建立微循环生态系统，提供自然教育和家庭互助陪伴的场所。

4. 儿童友好安全放学路：通过社区儿童和家长的参与，规划并实施儿童友好安全路线改造，提供安全的放学路线，增加儿童的安全性和便利性。

5. 社区参与和集体意识提升：通过社工的引导和组织，街道工作者、规划师、居民代表等多方合作，增强了社区居民的集体意识和参与度，使社区变得更加充满活力和生机勃勃。

6. 自然研学和社区服务：循环中心开展自然研学活动和社区服务，培养自然辅导员和家庭教育指导师，开设咕咕鸡培育、蚯蚓农场、一米菜园等工作坊，同时吸引儿童和家长积极参与。

案例 3-3 | 沈阳市牡丹社区：“老幼共融”的儿童友好社区

案例推荐 | 沈阳市牡丹社区、沈阳建筑大学健康城市与舒适建筑研究中心

图文：王思懿 付瑶

牡丹社区建于 20 世纪 80 年代，居住者以沈阳飞机工业集团有限公司在职、退休工人为主，属于东北典型的老旧社区，缺乏老幼服务设施，也缺少平时的设施维护与管理，一直处在脏、乱、差的环境状态中。2019 年，遵循习近平总书记提出的“与邻为善，以邻为伴”的“两邻”理念，根据国家政策和当地政府的规划要求，牡丹社区进行了老旧小区改造，以增加基础设施，提高生活品质为目标，服务小区居民。

拥有 40 年房龄的牡丹社区，老年人占社区总人口的 40%，改造前社区内没有供老年人和儿童活动的室内外场所、休闲娱乐设施等；社区内道路狭窄拥挤、雨天坑洼泥泞。老年人由于子女工作繁忙，只能承担孙辈的照料工作，每天基本脱不开身；而社区内交通状况复杂，缺少专供儿童休闲娱乐的设施和场所，因此老人只能对儿童严格看管，减少儿童户外活动，来确保儿童的安全。

经过一番详细调查后的改造，除了对社区环境和硬件进行更新，也针对老年人和儿童增加了一系列配套服务设施。牡丹社区主要从以下三方面体现了对儿童友好社区的建设。

一、开展“聪慧学堂”

牡丹社区建立了“聪慧学堂”儿童服务站，社区与教育部门合作开设了幸福教育课堂，为社区儿童提供托管服务，6—12 岁儿童免费；其中 4—6 岁儿童参加亲子互动游戏则需要家长陪同。公益课堂内容包括：儿童软笔、硬

笔书法、儿童绘画、科技游戏体验、机器人编程、计算机启蒙等。目前城市的孩子普遍人际接触较少，性格比较孤僻，通过参加儿童服务站举办的活动和学堂设置的课程，性格会变得开朗，课余生活变得丰富，不但学习了知识，也交到了朋友。儿童服务站还召集了“妈妈志愿者”和大学生志愿者，辅导儿童学习，教儿童知识，目前学堂注册人数已近百人。

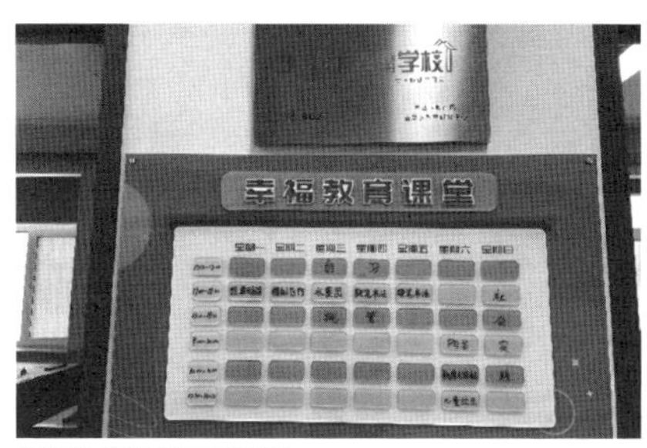

幸福教育课堂每周课表

幸福教育课堂宗旨标语

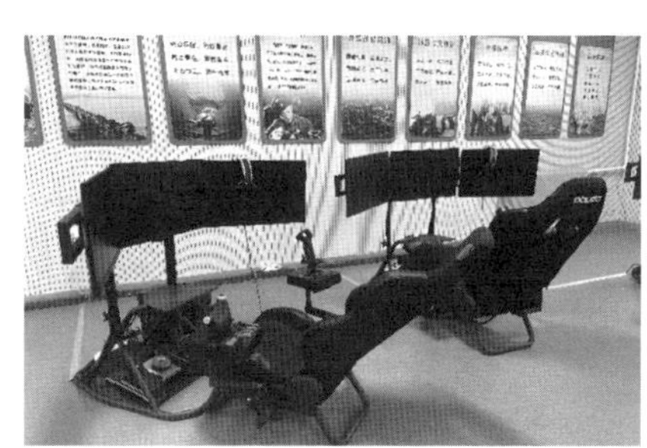
模拟飞行器

儿童活动角

儿童书法教室

儿童机器人编程室

图 3-11 牡丹社区“聪慧学堂”儿童服务站（图片来源：王思懿 付瑶）

二、打造“梧桐书房”

利用钢结构和集装箱建造的“梧桐书房”，共两层，总面积约800平方米，不仅颜色鲜艳且造型时尚，为20世纪80年代的老旧小区增添了新的生机活力。书房内部分为阅读区、展览区、学习区、咖啡区、手工制作区。其藏书约6000册，包含少儿图书、政治、经济、文学、历史等诸多类别，并以图书馆标准来管理，还配备了现代化的自助借还设备，可与皇姑区图书馆及区域内的其他城市书房实现通借通还。书房一楼的展览区有代表沈阳飞机工业集团的飞机模型，还有退休职工根艺作品；手工制作区定期为儿童举办环保包手绘、流体熊涂鸦等活动；阅读区承担读书会和观影会的功能；二楼的空间会定期开展文化作品展览、培训及围绕亲子关系、儿童心理等展开公益讲座活动。

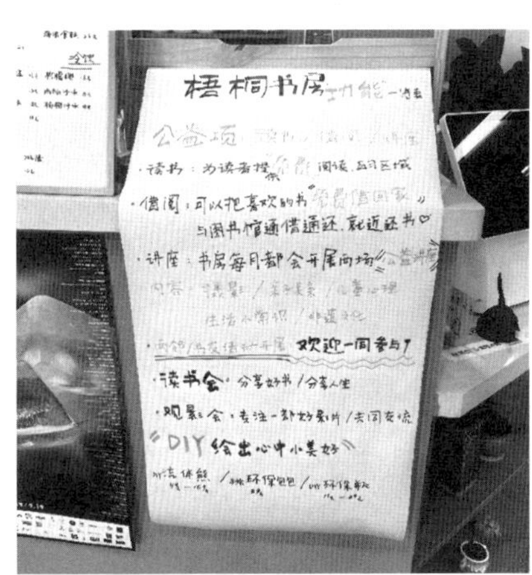

梧桐书房功能一览表

办证 & 借还一体机

航模展示区

根艺作品展示区

儿童手工制作区

儿童阅读区

图 3-12　梧桐书房（图片来源：王思懿、付瑶摄）

三、建立“幸福大院”

改造后的牡丹社区，道路平整、设施完善、夜晚灯火通明，社区内部有了更丰富和细致的规划、更合理的功能分区。儿童专属的不同尺度的户外活动场地和娱乐设施提升了儿童户外活动的安全性，解放了老年人的双手，减轻了带娃的紧绷感。小区里设置的沈飞历史墙，传播和记载了沈飞精神及航空人文化，使得社区儿童对航空航天产生了极大的兴趣。社区主路两旁邻里文化长廊的照片记录了“两邻”文化下牡丹社区“幸福大院”的美好缩影。

牡丹社区先后获得“全国科教进社区先进单位”“全国青少年科技教育培训基地”“辽宁省和谐示范社区先进单位”“辽宁省文明标兵”“辽宁省青少年五星级示范社区”等 80 余项荣誉称号，希望牡丹社区作为住建部的全国试点社区，在美好环境与幸福生活缔造的路上越走越远。

儿童户外活动设施

历史文化展示墙

图 3-13　儿童户外活动区（图片来源：王思懿、付瑶摄）

儿童友好快评 · 案例创新点

1. 儿童友好社区建设：通过成立“聪慧学堂”儿童服务站，提供多样化的免费课程和亲子互动游戏，培养儿童的兴趣和才能，促进他们的全面发展。同时，引入妈妈志愿者和大学生志愿者，提供专业的辅导和教育，增加了儿童的学习机会扩大了社交圈子。

2. “梧桐书房”打造：利用钢结构和集装箱建造的图书馆，提供丰富的图书资源和集学习、阅读、展览、咖啡等一体的多功能区域。借助图书馆标准化管理和自助借还设备，方便居民借阅和归还图书。此外，书房还定期举办各类文化活动和公益讲座，丰富社区居民的文化生活。

3. 构建“幸福大院”：对社区环境进行改善，道路平整，设施完善，夜间照明良好。特别关注儿童的户外活动场地和娱乐设施，提供安全的场所让儿童户外活动，减轻了老年人带孩子的负担。此外，设置沈飞历史墙和邻里文化长廊，传承沈飞精神和航空文化，培养儿童的兴趣和好奇心。

4. 荣誉和认可：牡丹社区获得多项荣誉称号，包括全国科教进社区先进单位、全国青少年科技教育培训基地、辽宁省和谐示范社区先进单位等。这些荣誉表明该社区改造取得了显著成效，并得到了居民的认可和相关机构的支持。

案例 3-4 ｜南京市下塘社区：“童”聚邻里，共享美好

案例推荐｜南京市下塘社区、南京市宁小星社会工作服务中心

社区是儿童社会化的重要场所，对儿童友好社区的建设也折射出一个社区的善意与美好。建设儿童友好社区不仅仅是完成国家发展规划中的一项重要任务，同时也提高了社区的治理水平，提升了家庭的幸福指数，保护了儿童各项权益。下塘社区常住人口 5 万余人，其中儿童 1.2 万余人；流动人口近 8 万人，其中儿童 1.4 万余人。社区儿童的健康发展备受关注，而儿童自

身在生活、学习、交往、文娱等方面都存在需求，因此，儿童友好社区建设势在必行。

“儿童带动家庭，家庭改变社区。”在建设儿童友好社区的过程中，以儿童为中心、以家庭为支点、以社区为平台，从社会政策、公共服务、权利保障、成长空间、发展环境五个层面，为儿童营造安全无虞、生活无忧、健康发展、睦邻友好的成长环境。

一、制度先行，推进社会政策友好

依托区域化党建，将儿童友好理念融入发展格局，协同妇联、民政、卫健、教育、公安等多个儿童保护力量，设立了儿童友好专项工作经费，建立了困境儿童保护、儿童议事、儿童友好联席会议、志愿者管理等六项工作制度。

二、社会参与，推进公共服务友好

每年投入约 45 万元资金，专项购买妇女儿童及家庭类公益服务项目，为辖区内儿童提供精准专业的支持、保护与补充等服务。先后引入 8 家社会组织，累计开展安全教育、隔代教育、亲子互动、绘本阅读等各类主题活动 300 余场次，服务儿童约 5000 人次。

三、多元联动，推进权利保障友好

采用“网格 + 妇联”工作模式，定期走访社区困境儿童及家庭、帮扶困境儿童生活、提供网格律师服务，多方面满足困境儿童需求。同时，联动妇联、民政、残联、文教为社区儿童构建社会支持系统，重点保护困境儿童。此外，在社区内广泛招募儿童友好志愿者，成立多个志愿服务团队，如“美妈好爸亲子志愿团”，建立“家庭 - 社区 - 社会”关爱互动体系，共同守护儿童成长。

四、儿童为本，推进成长空间友好

从儿童视角出发，对社区公共空间进行适童化改造。兼顾室内和室外儿童活动空间，在社区打造了睦邻书房、妇女儿童之家、共享花园等儿童成长空间。在睦邻书房，设有儿童专属阅览区，每年采购合适的书籍供孩子们阅读；在妇女儿童之家，为孩子们提供温馨的游戏、互动的场所；在共享花园，进行绿植种植、绘画装饰、硬件配备，动员孩子们一起把荒地改造成美丽的花园。

五、文明共建，推进发展友好环境

聚焦儿童生活和学习的场景，全面营造儿童友好理念。一方面，面向不同年龄段的儿童，以不同的服务营造文明向上的社区环境，一是创建儿童服务品牌——青禾之家，提供青禾之（公）益、（回）忆、议（事）、（才）艺、医（诊）、义（工）等六类服务；二是开设“卜卜乐宝宝屋”，提供“伴老伴小”沉浸式互动与学习体验。另一方面，每年开展文明家庭、最美家庭、美丽庭院评选，推进家庭、家教、家风的建设，营造友好家庭环境。

通过一系列儿童友好建设实践，下墟社区于 2022 年 11 月被命名为南京市首批儿童友好社区。儿童友好社区建设的过程亦是一个助人自助的过程，对儿童发展、家庭幸福、社区治理具有积极意义。

一是社区儿童获得一个展现自我和参与社区活动的平台。由孩子们参与改造的共享花园，通过 7 个月持续更新改造后焕然一新，成为下墟社区居民家门口休闲娱乐的最佳去处，并由此延伸出江宁区第一家友议花园特色服务项目。

二是儿童家长成为建设儿童友好社区的志愿者。例如，从事能源领域工作的小桪爸爸致力于儿童科普教育、社区乐队建设、日常活动策划等志愿服务；带外孙来社区借书的“下墟外婆”成为睦邻书房的志愿者，为孩子们营造着整洁干净的书香环境……

三是儿童友好为推动社区治理开拓了新思路。儿童友好社区建设的过程中，重视儿童参与，发挥儿童优势，带动家庭参与社区治理，由此展开的青禾之家小小议事员项目荣获“三微工程”A 类一等奖。

从空间场景到生活感知，从丰富活动到品格塑造，下墟社区致力于在家门口给孩子们打造一个美好乐园，让孩子们尽享睦邻友好的幸福时光。

图 3-14　下墟社区儿童友好活动之一（图片来源：南京市宁小星社会工作服务中心）

图 3-15　下墟社区儿童友好活动之二（图片来源：南京市宁小星社会工作服务中心）

图 3-16　下埝社区儿童友好活动之三（图片来源：南京市宁小星社会工作服务中心）

儿童友好快评 · 案例创新点

1. 制度先行，推进社会政策友好：通过将儿童友好理念融入发展格局，并建立困境儿童保护、儿童议事、儿童友好联席会议、志愿者管理等六项工作制度，以推动社会政策的友好发展。

2. 社会参与，推进公共服务友好：投入资金购买妇女儿童及家庭类公益服务项目，并引入社会组织开展各类主题活动，为儿童提供精准专业的支持性、保护性、补充性等服务，促进公共服务的友好提供。

3. 多元联动，推进权利保障友好：采用“网格 + 妇联”工作模式，走访社区困境儿童及家庭，提供帮扶和律师服务，同时联动多个部门为儿童构建社会支持系统，重点保护困境儿童。

4. 儿童为本，推进成长空间友好：从儿童视角出发，对社区公共空间进行适童化改造，创造睦邻书房、妇女儿童之家、共享花园等儿童成长空间，提供阅读、游戏和互动的场所。

5. 文明共建，推进发展环境友好：通过创建儿童服务品牌和开设沉浸式互动与学习体验的宝宝屋，营造文明向上的社区环境。同时，开展文明家庭、最美家庭、美丽庭院评选，推进家庭教育和家风建设。

案例 3-5 | 南京市新农社区：“五个友好”下的儿童友好社区建设

案例推荐 | 南京市江宁区

南京市江宁区湖熟街道新农社区结合社区建设与治理实际，从“五个友好”着手，打造环境舒适、设施齐全、服务完善的儿童友好社区，进一步增强儿童及家庭对社区的归属感、认同感以及生活幸福感。

一、社会政策友好

图 3-17 儿童友好议题会议（图片来源：江宁区妇联）

新农社区建立儿童友好联席会议制度，统筹儿童友好社区建设工作，社区党委书记任组长，社区党委副书记任副组长，社区各部门工作人员、五老志愿者、不同年龄的儿童代表为组员，分工明确，各司其职。2021 年，新农社区投入 21.5 万元重点打造“童蒙驿站”儿童活动场地，为辖区的儿童服务工作提供了基础保障。新农社区还建立了儿童议事制度，定期开展儿童议事活动，鼓励孩子们为社区建设发声，共同参与创造美好环境。

图 3-18　童蒙驿站（图片来源：江宁区妇联）

二、公共服务友好

图 3-19　新农社区阅读室（图片来源：江宁区妇联）

为了向社区儿童提供专业优质的服务，新农社区与社会组织积极合作，运用专业力量建设儿童友好社区。社区配备专兼职工作队伍，设有儿童主任 1 名，工作人员 13 人，其中包含社区工作者、志愿者、第三方专业团队等，团队成员都热爱儿童工作，善于与儿童、家长沟通。

三、权利保障友好

新农社区组织开展了儿童需求评估，排查辖区内困境儿童，并对其进行基本信息调查和风险评估，建立困境儿童档案，并定制服务方案，开展救助服务。

新农社区通过入户回访、教育帮扶以及线上跟踪等定制化服务，为困境儿童改善生活环境，帮助他们健康成长。新农社区的工作队伍里还有国家二级心理咨询师，能够为有需要的儿童及家庭提供专业的心理辅导。

四、成长空间友好

近年来，新农社区先后打造了“七彩风信子”乐园、农家书屋、村史馆、邹家青少年红色教育基地，为社区儿童提供优质成长空间。

图 3-20 七彩风信子乐园（图片来源：江宁区妇联）

七彩风信子乐园是以自然认知、科学探索为主的儿童活动场所，可以开展积木、绘画、游戏、天文及户外活动，趣味性比较强。

图 3-21 农家书屋（图片来源：江宁区妇联）

农家书屋书籍种类多，涵盖不同年龄层，书屋内配有投影仪，可以开展各类活动。夏庄村史馆及圩田文化广场空间较大，可开展大型的室内外活动。

图 3-22　邹家村青少年红色教育基地（图片来源：江宁区妇联）

邹家村青少年红色教育基地经常性开展爱国主义教育，将“本土英雄”的红色故事作为传承红色基因的载体，用百年党史浸润青少年的心田。

图 3-23　新农社区服务中心（图片来源：江宁区妇联）

新农社区综合服务中心及省级关爱儿童之家内设有图书阅览室、心理咨询室、亲情视频室、科普活动室、困境未成年人档案室、书画室等，配套设施完善，音像设备、儿童图书、手工材料、文体活动器材齐全，可以全方位为儿童提供服务。

五、发展环境友好

新农社区经常利用电子大屏、线上微信群等宣传儿童友好理念，通过线上载体发布活动预告，邀请小朋友积极参加社区活动。

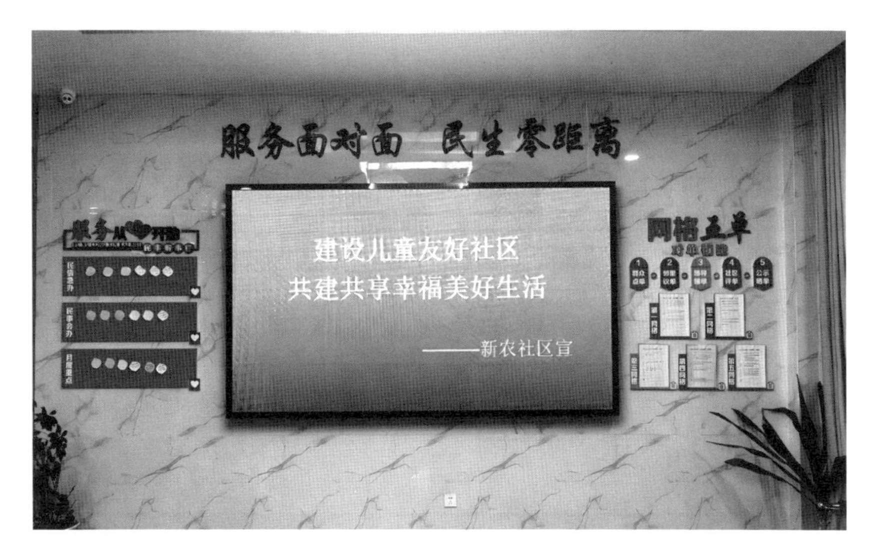

图 3-24　新农社区服务中心（图片来源：江宁区妇联）

新农社区积极推进家庭家教家风建设，定期开展家庭教育公益讲座，宣扬好家风、好家教、好家训，结合美丽庭院建设，将优秀家风家训挂在社区院墙上，在潜移默化中助力孩子健康成长。

图 3-25　新农社区服务中心（图片来源：江宁区妇联）

为更好地帮助社区儿童成长，新农社区以每周一场的频率开展一系列活动，带领社区小朋友快乐学习、全面发展。

图 3-26 开展急救知识培训活动（图片来源：江宁区妇联）

图 3-27 传统文化学习（图片来源：江宁区妇联）

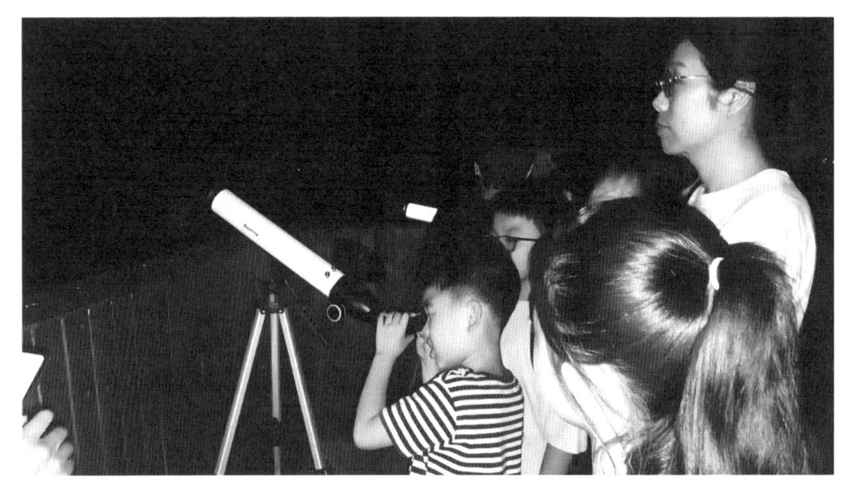

图 3-28 组织儿童进行天文观测（图片来源：江宁区妇联）

下一步，新农社区将进一步完善志愿者队伍，发展社区内的家庭教育志愿者，同时培育一支小小志愿者队伍，参与社区儿童之家等阵地管理及建设，以此提升儿童参与社区事务的积极性，并通过儿童带动家庭参与社区建设。

儿童友好快评 · 案例创新点

1. 社会政策友好：建立了儿童友好联席会议制度，包括社区党委书记、不同年龄的儿童代表等，共同参与儿童友好社区建设，增强儿童对社区的归属感和认同感。

2. 公共服务友好：与社会组织合作，配备专兼职工作队伍，包括儿童主任和专业团队，提供专业化优质的儿童服务，与儿童和家长有效沟通。

3. 权利保障友好：通过儿童需求评估和困境儿童调查，建立特殊儿童档案，提供定制化服务和救助，包括入户回访、教育帮扶和心理辅导等，改善困境儿童的生活环境。

4. 成长空间友好：建设了多个优质的成长空间，如儿童活动场所、农家书屋、村史馆和红色教育基地，提供丰富的学习和活动场所，满足儿童的多样化需求。

5. 发展环境友好：利用电子大屏、微信群等线上渠道宣传儿童友好理念，邀请儿童积极参与社区活动。推进家庭教育建设，开展家庭教育公益讲座，宣传优秀家风家训，助力孩子健康成长。

案例 3–6 ｜贵州铜仁打造“以儿童为中心”的社会工作和志愿服务站

案例推荐｜深圳市龙岗区龙祥社工服务中心

吴满纯 秦金金

2020 年 7 月，贵州省铜仁市碧江区正光街道成立社会工作和志愿服务站，引入深圳市龙岗区龙祥社工服务中心模式，为正光、打角冲两个易地扶贫搬迁社区提供专业服务。

通过摸底调研，社工发现辖区有 6479 户困难家庭，平均每个家庭有 2 名儿童，多的达 6 名，绝大多数为留守和困境儿童。搬迁居民不适应新生活，家长忙于生计无暇顾及孩子们，孩子们经常独自在马路上和楼道间嬉戏玩耍。为进一步了解辖区儿童的服务需求，驻站社工深入社区开展了为期一个多月的社区调查，发现儿童在社区生存、社区安全、社区融合等方面存在较多问题。

为此，驻站社工通过建设正光街道社工站综合服务平台，开放公共服务空间，以小志愿者队伍建设为“线”，发挥“五社联动”力量，将各领域专业服务“串”起来，融合开展社会融入、社会救助、养老服务、留守儿童关爱、基层社会治理和社会事务 6 大领域社会工作服务，打造“以儿童为中心”的韧性社区发展共同体，促进新居民更好地融入城市社区。

图 3-29 社区绘画活动（图片来源：龙祥社工服务中心）

一、社工站儿童服务体系设计

社工站搭建“以儿童为中心”的圈层服务体系，以点带面推进社工站的整体服务落地。在服务推进中，通过各主题儿童安全嘉年华活动，让儿童家长与儿童同步参与学习，培育儿童和家长的社区安全志愿服务队，进而发展居民兴趣团体，多方联动共创儿童友好社区。

1. 核心圈：儿童安全教育主题嘉年华

该层级服务聚焦儿童安全成长，面向社区多场次开展交通、食品、居家、防拐等各类安全主题嘉年华。活动基于儿童视角并融入科学、艺术、创意等元素，通过游戏体验的方式吸引儿童参与，并在社区广场等人流量大的公共空间展开，不断引导社区居民共同关注社区儿童安全。

针对最为迫切的交通安全问题，社工开展“滴滴侠”社区安全出行计划，为社区儿童搭建开放式交通出行安全教育的体验空间，仅首场活动就为社区300多个家庭送去儿童交通安全知识，携手为儿童安全成长保驾护航。社工从交通安全拓展到食品、居家、防拐等儿童安全议题，多次在社区巡回开展主题嘉年华，吸引了更多家长和儿童参与。

此外，针对社区留守、困境儿童安全保护议题，社工还特别策划实施“小鬼当家”困境儿童保护项目，重点培养困境儿童的自我保护能力，围绕儿童居家安全、食品安全、防诱拐、防性侵、家务能力、理财规划等角度开展集中训练，以增强儿童的自我保护意识、生活自理能力和危险防范能力，并为有需要的困境儿童家庭提供个案服务，深度支持儿童生存与发展。

2. 守护圈：组建社区儿童安全护卫队

该层级服务聚焦社工培育和联动社区志愿服务力量，组建“儿童志愿者+家长志愿者+社区志愿者”等多元社区儿童安全护卫队，开展社区观察、入户探访等，发现社区安全隐患，及时记录上报并提出改善方案，积极寻找资源进行有效介入。

在服务过程中社工发现，单靠几次活动难以从根本上提升社区居民的安全意识，组建一支社区志愿者队伍特别关键。秉承以儿童为本的服务理念，社工组织小志愿者服务队以儿童视角去探索社区问题，再从儿童服务切入回应社区需求，进而影响儿童家庭的生活观念和方式，以儿童成长促进社区改变。

首期招募得到20多个儿童家庭的积极响应。社工对小志愿者进行志愿服务知识与技能培训，带领小志愿者走访社区，发现社区安全问题，一起寻找解决问题的办法。目前，儿童们已经组成有69名活跃成员的“萤火虫”小志愿者服务队。

随着社区儿童安全活动的深入开展，小志愿者服务队的服务从社区公共空间延伸到各家各户。小志愿者们在入户时发现社区独居老人和留守儿童的居家安全问题值得特别关注。社工站采纳了他们的建议，联合青年志愿者一同参与居家安全志愿服务活动，邀请消防员对小志愿者和青年志愿者进行居家安全知识培训，“小手拉大手”一同进行社区居家安全隐患排查服务。一年来，已经为15户家庭提供了居家安全隐患排查及环境改善服务。

3. 支撑圈：从服务儿童到联结社区共同参与

该层级服务主要是在儿童志愿服务的引导下，带动更多家庭走出家门、走进社区，参与社区公益服务活动，从传统节日到民俗文化挖掘，形成“以儿童为中心”的社区文化共同体意识。

（1）以社区为平台建设儿童公共空间

一方面，搭建“街道社工站—社区服务中心”两级服务空间双向联动平台，在正光社区植入品牌项目“安全号列车”产品服务，将安全知识进行长效扩散；另一方面，社工站联动辖区“四点半课堂”等儿童服务阵地，提供象棋、书法等兴趣成长类活动，为儿童提供安全有趣的社区公共活动空间。

（2）民俗文化联结多群体协同参与

随着活动影响的扩大，儿童服务也得到社区老年人的关注与支持。社工鼓励儿童从被服务者逐步转变为服务提供者，回馈和支持社区的老年群体。社工们发现，在正光社区这个多民族聚居的新社区，居民有着共同的“金钱杆”文化，于是社工以搬迁社区的民俗文化传承为切入点，策划实施了“金钱杆心桥梁”社区融入计划，通过培育老年文体志愿队骨干人才，支持社区老年人参与公益服务。如此一来，社区志愿服务力量发展涵盖了老中青多个群体。

（3）链接多方资源扩大社会支持网络

一方面，社工站积极联动社区、本地社会爱心人士等多方力量关注困境儿童安全，助力困境儿童家庭新社区生活的过渡、融入与发展；另一方面，社工站把视线转向了省外，发挥资源链接和整合优势，开展“深黔益行”系列捐赠活动，从深圳筹集儿童生活用品、童装、文具、玩具等爱心物资改善困境儿童生活，进一步扩大儿童成长的社会支持网络。

二、“以儿童为中心”牵引社区产生的变化

社工站结合社区儿童服务群体大且需求明显等实际情况，在服务运营中从儿童的视角出发，探索“五社联动”在安置社区中如何以儿童安全成长撬动社区服务的可持续性发展。通过开展“以儿童为中心”的服务，儿童与家庭、朋辈、社区产生社会联结，带来整个家庭、社区的变化，培育出一支充满活力、生机勃勃的生力军。通过“以儿童为中心”重新定义儿童与家庭、利益相关方之间的关系，让儿童在自身增能的同时，带给家庭与社区令人欣喜的改变。

1. 儿童参与的相互影响

儿童能力建设取得显著效果。孩子们在游戏活动体验中学习交通规则，学习如何辨别安全隐患及如何避开“危险雷区”，安全保护意识大大增强。很多服务的受益者成为社工站的小志愿者，主动把安全知识传递给身边的人。相信儿童作为社区未来发展的主体，将在与社区的互动中形成社区参与感与归属感，进而影响和改变他们所居住的社区。

2. 儿童安全得到家庭重视

从首场安全嘉年华活动开始，儿童的安全服务得到家长的关注，活动现场有家长表示：“我们家有几个孩子，这个马上 6 岁了，能跟姐姐一起参加吗？”“我们之前除了吼和叫，不知道还可以边玩边教孩子注意安全。”活动现场收获的好评，也让社工的角色和服务被重视，家长带着孩子现场报名加入小志愿者服务队，让孩子们能有更多参与社区的机会。

三、儿童行动的社区变化

本地居民、组织是改善社区安全隐患的重要力量。在“小手拉大手”的志愿服务行动中，社工从孩子们自身关注的问题出发，鼓励孩子们发表意见和想法，倾听儿童的声音，让孩子们一起探讨社区发展性问题，鼓励儿童力所能及地从身边做起、从小事情做起，由浅而深地培养儿童对社区的归属感

和参与度，让他们以小主人翁的精神参与活动。孩子们的行动在一定程度上也影响着社区安全服务工作的推进，如在放学高峰期社区志愿者与学校联合开展交通劝导，开展社区安全巡逻、交通安全标志建设、社区岗亭服务等。

在以儿童为本的视角下，儿童虽然存在年龄、阅历的限制，但作为参与未来社区的建设者，在社工服务的带教帮扶下展示了其对于整个社区发展不容小觑的推动作用。这不仅是儿童自身成长的需要，更关系着整个安置社区的可持续发展。

儿童友好快评 · 案例创新点

1. 以儿童为中心的服务理念：该案例将儿童置于社工站服务的核心位置，通过各项活动和服务，关注儿童的安全、成长和发展需求。

2. 圈层服务体系设计：社工站建立了以儿童为中心的圈层服务体系，通过不同层级的活动和服务，以点带面推进整体服务的落地。这样的设计能够全面覆盖儿童需求，并逐步培育儿童和家长社区安全志愿服务队，进一步扩大影响力。

3. 多领域专业服务融合：社工站通过“五社联动”力量，将各领域专业服务相互串联，包括社会融入、社会救助、养老服务、留守儿童关爱、基层社会治理和社会事务。这种综合性的服务模式能够满足社区儿童和家庭在不同方面的需求，促进他们更好地融入城市社区。

4. 组建多元社区儿童安全护卫队：通过组建由儿童志愿者、家长志愿者和社区志愿者组成的护卫队，开展社区观察和入户探访等活动，发现并提出改善社区安全隐患的方案，并进行有效介入。这种多元化的社区儿童安全护卫队形式能够更好地关注和解决社区的安全问题。

5. 多群体协同参与：通过鼓励儿童从被服务者逐步转变为服务提供者，回馈和支持社区的老年群体，实现不同年龄群体之间的联结和互动。此外，社工还联动本地社会爱心人士等多方力量关注困境儿童安全，并开展捐赠活动，扩大儿童成长的社会支持网络。这种多群体协同参与的模式有助于加强社区的凝聚力和社会支持网络。

实践观点

儿童友好社区建设中的常见问题及对策

随着城市化进程的加速和家庭结构的变化，尤其是儿童友好城市建设的深入推进，儿童友好社区建设成为一个备受关注的议题。在实际的社区建设中，我们也面临着一些问题和挑战。

一是儿童友好设施缺乏。很多社区缺乏儿童游乐设施、运动场地和学习空间等，限制了孩子们的发展和活动空间。此外，儿童保育设施也不够完善，无法满足因工作无法照顾孩子的家长的需求。针对这一问题，社区建设者应该加大投入，增加儿童友好设施的数量并提高质量。同时，要注重设施的多样性，满足从幼儿到青少年不同年龄段孩子们的需求。

二是儿童安全问题。交通安全、居住环境安全以及人身安全等问题对孩子们的健康和成长产生重要影响。社区应该加强交通规划和管理，确保安全的交通环境，包括建立人行道、安装交通标志和限速措施等。同时，社区也应该注重社区环境的安全，例如增加监控设施、改善街道照明等。此外，要加强对儿童人身安全的保护，提高对儿童安全问题的意识和应对能力。

三是儿童参与和发言权欠缺。孩子们是社区的重要一员，应该被尊重和被聆听。然而，在很多社区中，孩子们的参与和发言权受到限制。改善这一状况，需要社区重视孩子们的意见和建议，设立儿童议事会或类似机构，让孩子们参与社区事务的讨论。同时，也要提供更多的机会，鼓励孩子们参与社区活动和公益事业，培养他们的责任感和参与意识。

四是优质教育和文化资源不足。优质的教育资源和文化设施对于孩子们的发展至关重要。社区应该提供丰富多样的教育资源，包括优质学校、图书馆、艺术机构等，让孩子们接触到全面的教育和文化体验。此外，要加强对文化传统和价值观的传承，培养孩子们的文化自信和身份认同。

在改进儿童友好社区建设的过程中，我们还应该注重社区居民的参与和支持。社区居民应该积极参与社区建设和管理，共同打造儿童友好的社区环境。政府和相关机构也应该提供政策支持和资金投入，促进儿童友好社区建设的落地和实施。只有通过全社会的共同努力，我们才能打造真正意义上的儿童友好社区，为孩子们提供健康、安全、有爱心和有发展机会的成长环境。

——童联盟儿童友好联盟

第 4 章

儿童友好学校

引言：儿童友好学校的实践创新

儿童友好学校是指在校园环境、课程设置、教育理念和师生互动等方面充分关注和尊重儿童需求、权益和发展的学校。这类学校注重儿童的全面发展，提倡参与式、体验式和以学生为中心的教育方式，为儿童提供健康、安全、平等、包容的学习环境，培养儿童自主、合作、创新的能力，促进儿童在德、智、体、美等方面的全面发展。

儿童友好学校的实践创新机会，可以在以下几个方面开展。

1. 创意课程设计：开发具有趣味性和互动性的课程，培养儿童的创造力、想象力和实践能力。

2. 教育技术的应用：利用现代科技手段，如 VR、AR、机器人等，让儿童获得更丰富、更生动的学习体验。

3. 跨学科学习：鼓励学生在不同学科之间进行探究，提高学生的综合素质和跨学科思维能力。

4. 个性化教育：针对每个孩子的特点和需求进行差异化教育，让他们得到适合自己的教育。

5. 情感教育：注重培养学生的情感、道德和社会责任感，增强学生的人际交往和情感管理能力。

6. 创新实践基地：建设各类创新实践基地，如科技馆、艺术中心、体育馆等，满足学生多元化的兴趣需求。

7. 家校合作：加强与家长的沟通和合作，共同关注学生的成长，提高家长对学校教育的认可度和参与度。

8. 社区资源整合：利用社区资源，开展丰富多样的社会实践活动，使学生在实践中学习和成长。

9. 教师培训和发展：加强教师的专业发展，提高教师的教育教学水平，为儿童友好学校的实践提供有力支持。

案例 4-1 ｜杭州市公益中学：校园里的“Panda”农场

案例推荐｜杭州市公益中学

教育部有关负责人解读《中共中央 国务院关于全面加强新时代大中小学劳动教育的意见》时强调，要积极探索具有中国特色的劳动教育模式。

2021 年 5 月 18 日，杭州市公益中学“Panda”农场开园，意味着一种以学校为主导的具有中国特色的劳动教育模式有了一个鲜活的案例。

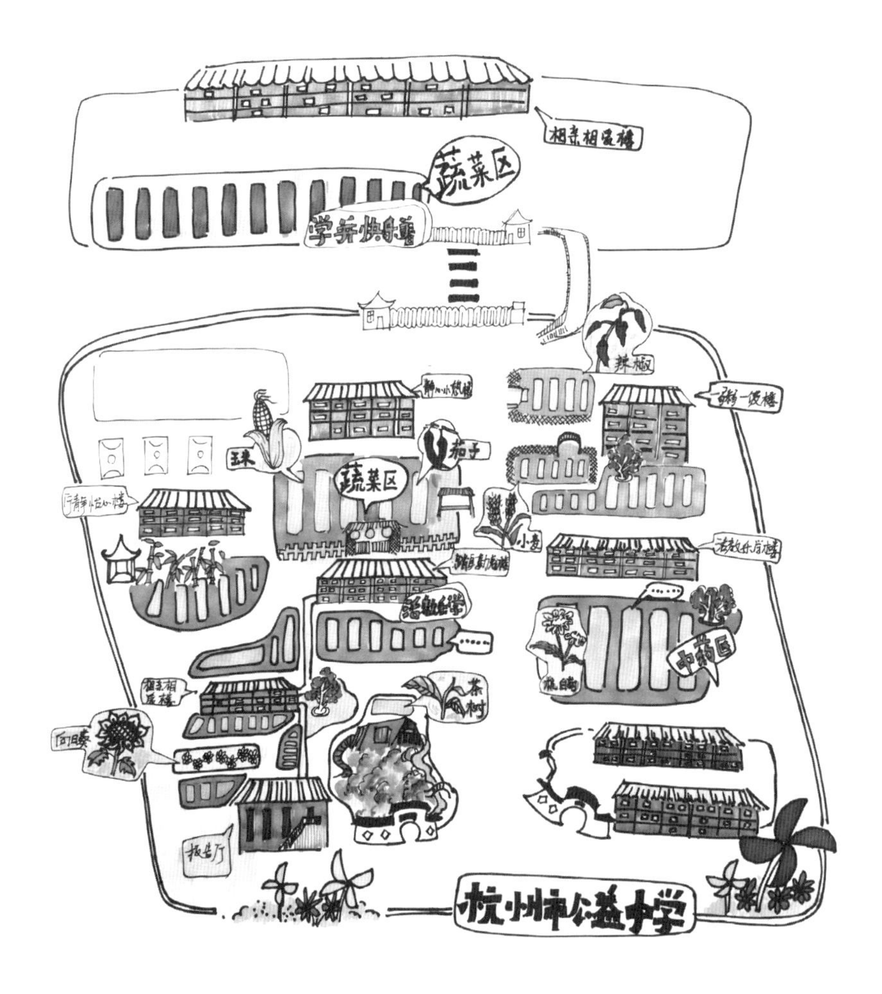

图 4-1 “Panda”农场分布图（图片来源：公益中学学生画作）

2009 年起，公益中学以“让公益中学的孩子愿劳动、会劳动、爱劳动”为劳动教育理念，把劳动教育作为培养“品行正、情商高、身心棒、学业佳”的优秀公益学子的重要组成部分，根据初中学生思想、心理、学业的实际情况，在劳动实践中激发学生参与劳动的热情，提高学生劳动的能力，培养学生崇尚劳动的情感。

图 4-2 “Panda”农场（图片来源：公益中学）

为了让同学们在珍惜粮食，养成劳动习惯的同时，拥有丰富精彩的课余生活，学并快乐着，学校设立了“Panda”农场。

学校为“总示范田”提供种植技术支持。各班“分包干田”种植当季作物，并负责作物的日常培育及收获采摘。

走进公益的校园，你不仅能听见琅琅的读书声，还能看见七彩蔬果，闻到油菜花香，更收获了劳动的快乐，并将桑葚、茄子、辣椒、旱稻、麦子、南瓜带回家！

“想吃什么自己种！”——公益中学的口号。

各个班级根据种植时间表，按照农作物的生长规律，选择喜欢的品种种植，四季轮替。一年下来，可选的农作物有油菜、小麦、玉米、番薯、花生、向日葵，又有西红柿、辣椒、黄瓜、四季豆、卷心菜等，共计 100 多种。

图 4-3 “Panda”农场五星圃（图片来源：公益中学）

农场当然不仅仅是种菜。

公益的学生不仅能在农场里体验到劳动的乐趣，还拥有了另一个课堂。“不规则的农场面积怎么测量？”“二十四节气和植物的生长有什么关系？”这些问题的答案看得见、摸得着，甚至可以进入数学、生物课堂。还有更有趣的农场语文课、美术课等你解锁哦！

图 4-4 农场里的数学课（图片来源：公益中学）

“Panda”农场的“闪亮登场”，离不开同学们的辛苦劳动，通过对菜地进行松土、播种、拔草、浇水……农作物在成长，同学们也在成长！

图 4-5 “Panda”农场（图片来源：公益中学）

儿童友好快评 · 案例创新点

1. 具有中国特色的劳动教育模式：杭州市公益中学通过建立“Panda”农场，积极探索具有中国特色的劳动教育模式。这种模式以学校作为主导，将劳动教育纳入学生培养的重要组成部分，旨在培养学生对劳动的热情和能力。

2. 劳动教育与全面素质培养的结合：公益中学将劳动教育作为培养学生全面素质的重要途径之一，旨在培养学生的品行、情商、身心和学业共同发展。通过劳动实践，激发学生参与劳动的热情，提高他们的劳动能力，并培养他们对劳动的崇尚情感。

3. 学校提供技术支持和实践机会：学校在农场中提供种植技术支持，" 分包干田 " 给各班级，让学生负责种植当季作物的养护和收获采摘。学生通过实际参与农田管理，获得劳动实践的机会，学习农业知识和技能。

4. 多样化的农作物种植：学校制定了种植时间表，根据农作物的生长规律，让学生选择喜欢的植物进行种植，涵盖了油菜、小麦、玉米、番薯、花生、向日葵、西红柿、辣椒、黄瓜、四季豆、卷心菜等 100 多种农作物，让学生有机会亲手种植和品尝不同的农产品。

5. 跨学科的农场教育：除了劳动实践，学生还在农场中进行了跨学科的学习。他们通过测量农场面积、了解二十四节气和植物的生长关系等活动，将数学、生物、语文、美术等学科知识融会贯通，丰富了课余生活。

6. 学生参与和成长: 学生通过参与农场的各项劳动工作, 如松土、播种、拔草、浇水等，不仅培养了劳动技能和知识，还促进了自我成长和发展。

案例 4-2 | 深圳市儿童友好学校——深中南山创新学校

案例推荐 | 深圳市南山区

深中南山创新学校办学理念是将培养目标定为：具有中华底蕴和国际视野的未来公民。

学校请家长进课堂，上讲台，面向社会开放图书馆，开设凤凰木家长学堂，开展“我和孩子做同学”“我给孩子做老师”“我与孩子共阅读”“我跟孩子同观影”系列活动。

图 4-6 深中南山创新学校（图片来源：深中南山创新学校）

百年大计，教育为本。随着社会的发展，新技能、新业态层出不穷，社会对于教育教学、人才培养等提出了更高的要求，在此基础上，许多学校都开始尝试建设“未来学校”。2018 年 5 月 25 日，南山区人民政府、深圳中学、大疆公益基金会三方签署合作办学协议，深中南山创新学校正式创建。政府、名校、名企三强联手，在“名校基因 + 先进理念”的加持下，深中南山创新学校不断创新教育方法，大胆进行教育教学的探索和改革，努力打造面向未来的“学习中心”，走出了一条有特色的发展之路。

深中南山创新学校是一所引领潮流的创新学校，学校基于泛在学习[1]（U-Learning）的理念，旨在为学生和社区儿童提供一个泛在学习空间，让所有人都可以提供资源，分享资源，让校园成为开放的图书馆、博物馆、科技馆，每个空间都适合集体或个体学习，利用在校时间和课余时间为儿童创造、建设学习空间。学校还拥有创客体验室、成果发布厅、走廊科技馆、漂流图书廊、天台科技园等组成的泛在学习空间，为儿童友好优先发展提供了有效学习、快乐交往、自由成长的广阔天地。

图 4-7 创新空间（图片来源：深中南山创新学校）

未来学校的核心，是信息技术与教育教学的深度融合，全面变革教育的形态与流程，全方位满足学生个性化学习和认知的需要。作为创新教育试点学校，深中南山创新学校积极探索实践“启发创新兴趣及思维方式、培养实践及团队协作能力、形成实践与教育闭环”的创新教育理念，以“项目式教学”和“综合课堂”为突破口，开设校本课、选修课、四点半活动课程共 60 多门，打破年级、学科壁垒，为拔尖创新型学生打开上升通道，支持学生跨年级学习、混龄学习；允许个别学生免修、缓修。同时教师按需开课，学生按需选学，让学生“更有价值地学习，更主动地学习，更高效地学习”。

同时，学校融合各界优秀资源，邀请专家来校讲学，为学生搭建高端学术平台。国际知名数学家、南方科技大学原副校长汤涛院士；前 IMO 命题委员会主席，加、美两国数学奥林匹克国家队领队刘江枫教授等，先后做客深中大讲堂。为把学校建设成为真正的“学习中心”，学校请家长进课堂，

1 泛在学习（U-Learning），又名无缝学习、普适学习、无处不在的学习，是一种任何人可以在任何地方、任何时刻获取所需的任何信息的方式。

图 4-8　深中南山创新学校学生搭建模型场景（图片来源：深中南山创新学校）

上讲台，面向社会开放图书馆，开设凤凰木家长学堂，开展“我和孩子做同学”“我给孩子做老师”“我与孩子共阅读”“我跟孩子同观影”系列活动。这些未来课堂根据学生身心发展需要，促进了学生思辨能力、沟通能力、合作能力以及信息技术应用等多方面的发展，满足学生个性化发展的需要。

经过不断地磨砺与发展，深中南山创新学校学子们在创新引领下成绩喜人，群星闪耀。短短两年（截至 2020 年 8 月），深中南山创新学校秉承“追求卓越，敢为人先”的深中精神，在各种教育改革的大胆尝试与实践后，取得了傲人成绩。据不完全统计，深中南山创新学校学子已获国家级奖项 95 项，省级奖项 48 项，市级奖项 176 项，区级奖项 189 项。

深中南山创新学校不仅是家长眼中的好学校，更为深圳“双区”驱动提供一份具有创新精神的全国一流的基础教育名校的教育样本。

儿童友好快评 · 案例创新点

1. 培养兼具中华底蕴和国际视野的未来公民：深中南山创新学校的办学理念将培养目标定为兼具中华底蕴和国际视野的未来公民，注重学生综合素质的培养。

2．开放性学校和泛在学习空间：学校建设了开放的图书馆、博物馆、科技馆等泛在学习空间，让学生和社区儿童都可以分享和利用资源，创造适合集体或个体学习的环境。

3．创新教育方法和教学模式：学校积极探索创新教育方法，采用项目式教学和综合课堂等教学模式，打破年级和学科的限制，支持学生个性化学习和跨年级学习，提供更灵活和高效的学习方式。

4．家长的互动与参与：学校鼓励家长进入课堂，上讲台，与孩子一同学习，还开设凤凰木家长学堂和系列活动，促进家校合作和家长的教育参与。

5．融合优秀资源和专家讲座：学校邀请各领域的专家来校讲学，为学生提供高端学术平台，促进学生的学术交流和思维能力的发展。

案例 4-3 ｜温州市瓯海区第二幼儿园：让儿童友好从愿景走向新生态

案例推荐｜温州市瓯海区第二幼儿园

温州市瓯海区第二幼儿园（以下简称“瓯海二幼”）从办园以来一直将“儿童发展”作为一切工作的轴心。因为二幼人坚信，唯有着眼于儿童的发展，幼儿园才有未来。因此，二幼人立足于了解儿童的经验点和兴趣点，尊重儿童发展的特点和儿童学习的方式，思索并实践基于儿童立场的友好教育改革。

图 4-9 瓯海二幼（图片来源：瓯海二幼）

一、“空间友好”之“一米的高度与温度”

幼儿园开辟“融农场”“沙水天地”“CS 野战基地”“极限挑战”隧道等，让幼儿在自由自在、具备探索性的户外场地中行走、奔跑；通过创设支持性的室内天地，让幼儿在风格不同的功能室中，看世界、创未来，获得专项体验。二幼人理解儿童的成长需求，从细节着手优化空间创设。

图 4-10 幼儿园活动（图片来源：瓯海二幼）

二、蹲下来的儿童视角

以往，活动室中、走廊上的主题墙、装饰物等大多按教师的身高来布置，然而幼儿的视角不同于成人。于是，幼儿园在主题墙的高度上作了以下要求：小班段不高于 120 厘米，中班段不高于 130 厘米，大班段不高于 140 厘米。慢慢地，活动室中不再有高高挂起的区域牌，主题墙前的幼儿也越来越多。

当然，这样的改变不意味着幼儿园舍弃了可供幼儿抬头仰望的这片“天空”，而是要通过“用得准”实现幼儿视野的拓宽。因此，园内更多的是选择悬挂由幼儿创作的大幅平面作品或者立体作品。因为是自己的作品，幼儿会主动抬头与同伴交流。同时立体的作品、大面积的色块更能增加视觉吸引力。当然吊饰太多会给幼儿带来太多的刺激，可能会导致他们无法回应、整合，从而忽略甚至带来消极的刺激。因此园内设定了仰视的空间创设占 10% 左右的要求。

图 4-11 幼儿园活动（图片来源：瓯海二幼）

三、不做跨班交往的局外人

在幼儿园生活中，幼儿也需要一种充满友爱的混龄生活，于是园区设置更多的互动区域等。例如，每个班级活动室之间都会有一条通道，园区也设置了许多玩创空间，例如，在墙面上配备可展开可收纳的桌子。

图 4-12　幼儿园活动（图片来源：瓯海二幼）

不同的通道上提供可供幼儿自由选择的互动主题，像棋类游戏、手工制作、绘本创作等。园内在一楼门厅的空地上，设置了 AR 沉浸式互动体验区，幼儿可结伴在虚拟场景中开展游戏体验。

图 4-13　幼儿园活动（图片来源：瓯海二幼）

四、“环境友好”之“儿童立场的主动表达”

1. 在“白墙”上大胆“填白”

由教师为中心的被动制作转向站在儿童立场的主动表达，让幼儿作为学习的主人参与主题墙创设，通过图画、符号表达自己在主题活动中的所思所想，呈现自己学习与思考的过程。

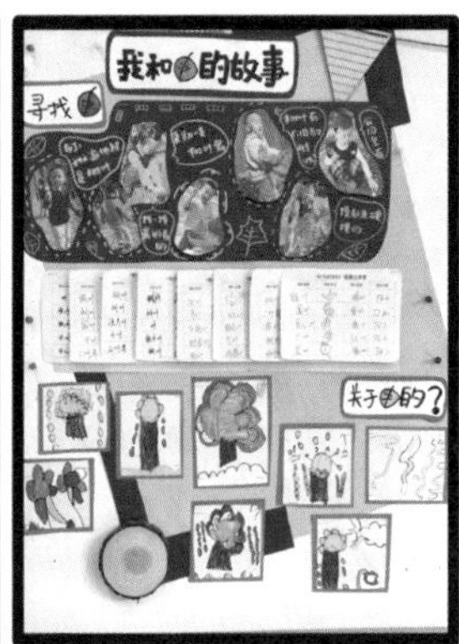

图 4-14 幼儿园活动（图片来源：瓯海二幼）

2. 世界是可以变化的

有些老师在班级活动室里专门留出一面涂鸦墙，涂鸦墙的存在，无声胜有声地启示幼儿：“世界是可以变化的，你要尊重自己的观察和思考，将自己的发现大胆地表现出来。”

图 4-15 幼儿园活动 图片来源：瓯海二幼

五、“权利友好”之“儿童也有‘一席之地’”

园区将原来的“亲子书吧”拓展为“融乐之家”，让孩子们拥有自己的会议室。为了更好地践行“儿童是主角”的理念，园内成立了儿童观察团，包括童创会、童巡队、童研社，赋予幼儿参与空间重构的渠道、参与园所管理的途径以及参与课程审议的权利。

图 4-16　儿童观察团（图片来源：瓯海二幼）

1. 把空间设计权交给孩子

在童创会里，为幼儿园的建设和改造提供“金点子”的例子有许多，如走廊上创建材料超市，孩子们可以根据游戏需要，自主投放需要的游戏材料来创建游戏场景。又如孩子们可以参与园门口彩色斑马线设计、幼儿园外立面设计、楼顶儿童空中乐园的创建、户外运动时可供他们随处饮水、聊天、休息的休闲区域优化等，童创会让儿童的创意与想象被看见。

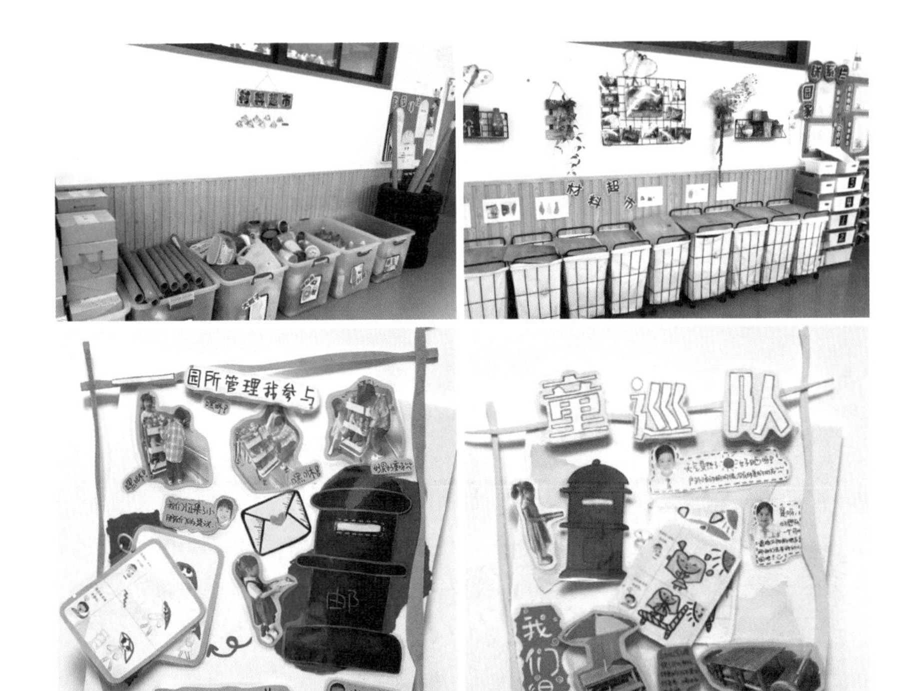

图 4-17　创建游戏场景（图片来源：瓯海二幼）

2. 园所日常管理让孩子参与

过去，幼儿园安全巡视通常都由保安人员和行政值日人员负责。但现在，幼儿园拥有了一支由孩子组成的“童巡队”。让孩子做安全排查可行吗？“成人看见的，孩子不一定看不见，而孩子却能看见我们看不见的。”每个星期一是“童巡队”出巡的日子，队长们会带领每个年龄段的代表认真巡视着幼儿园的每个角落，队员们用简笔画的方式画下“安全漏洞”的地点和内容，之后向后勤主任反馈巡查情况完成巡查闭环。引入了孩子的安全视角大大增加了安全巡视的效率。

水杯架轮子损坏

后操场安全排查

千纸鹤安全排查

图 4-18 安全巡视（图片来源：瓯海二幼）

3. 把课程管理权下放给孩子

在童研社里，幼儿园期望孩子能表达自己对大千世界的看法，自由表达“我对……感到好奇？我想知道……我还想知道……”童研社在教研中的表述为教研组提供了真实且有针对性的意见。教研组汇总童研社关于儿童经验的有效信息，并与童研社的社员们共同绘制经验可视表。这让幼儿成为课程审议与研制组的一员。在转变的过程中，幼儿园的课程内容也逐渐走向适合儿童的课程。基于幼儿的兴趣点及发展需要，大胆生成了“嘿咻嘿咻，龙舟来了”“我的毕业照”“花花世界”等班本课程来追随儿童心理、生理发展。

图 4-19 课堂互动（图片来源：瓯海二幼）

幼儿园认为未来课堂应具备更多的一对一互动，实现儿童的个性化发展。在当前大班的情况下，以分组教学为抓手，积极开展课程组织形式的友好。统筹安排园所场地、灵活配备师资、安排活动内容，将分组教学纳入一日生活作息安排中，增加师幼、幼幼更多的互动。同时也提高了教师观察对象的数量和质量。除了分组教学，在园本课程——融乐游戏中持续推进小组学习，支持幼儿自由选择游戏的主题、伙伴、材料。

六、“服务友好”之“适宜儿童的成长需求”

1. 不是固守一隅，而是随处可栖

正处于身体发展关键期的幼儿，他们对于休息也存在很高的需求。于是在幼儿园的门厅、每一条走廊上、每一根墙柱旁都摆放了各式各样的小木凳、软沙发、小藤椅等。幼儿休息的地方不再只是较为封闭的活动室，他们只要玩累了便随处可坐。其中在小木凳的投放上，也有老师们的巧思。改变凳面居中的传统放置方法。这样正着放和倒着放的凳深不同，可以满足不同年龄段幼儿用凳需求。还在户外场地上提供了可供幼儿随处饮水、聊天、休息的长木凳，休息亭，波浪桥、玻璃屋等，为幼儿在园生活提供适宜的服务。

图 4-20　幼儿园休息区（图片来源：瓯海二幼）

2. 赓续红色基因

红色革命传统教育要立足儿童的心理特点和生活体验，选择的活动形式要为适宜幼儿的学习与发展服务。幼儿园以孩子们喜闻乐见的游戏体验形式，创设红军长征、地道战的情境，开展红色教育，历练孩子各种能力；根据幼儿敢于接受任务、勇于挑战的特点，开展国庆军旅实践活动，培养小小兵们的国防意识，激发幼儿的爱国情怀；还将社会主义核心价值观融入幼儿园的一日生活，将社会主义核心价值观以图片的形式呈现，让幼儿能更好地理解。

图 4-21　红色革命教育（图片来源：瓯海二幼）

儿童友好快评 · 案例创新点

1. 空间友好：幼儿园通过开辟不同类型的户外场地和支持性的室内天地，满足幼儿的自然探索和专项体验需求，注重优化空间创设。

2. 儿童视角：幼儿园从幼儿的视角出发，降低装饰物的高度，创造出更多幼儿可参与的活动空间，同时提供仰视空间以拓宽幼儿的视野。

3. 混龄互动：幼儿园设立互动区域和玩创空间，鼓励幼儿之间的混龄交往，为之提供多样的互动主题和沉浸式游戏体验。

4. 环境友好：通过让幼儿参与主题墙创设和涂鸦墙的设计，鼓励幼儿以主动的方式表达自己的思考和发现，培养他们的观察和思考能力。

5. 权利友好：幼儿园赋予幼儿参与空间重构、园所管理和课程审议的权利，通过童创会、童巡队和童研社等组织让幼儿参与园所建设、安全巡视和课程研制，提高他们的参与度和责任意识。

6. 个性化发展：幼儿园通过分组教学和小组学习的方式，支持幼儿自由选择游戏的主题、伙伴和材料，实现更多一对一互动和个性化发展。

7. 适宜儿童的成长需求：幼儿园在适宜的地方提供各式各样的休息区域，满足幼儿对休息的需求；同时在活动设计中积极融入红色革命传统和社会主义核心价值观教育的因素，促进幼儿德智体全面发展。

案例 4-4 | 温州市未来小学教育集团：我们与未来只差一个你

案例推荐 | 温州市未来小学教育集团

温州市未来小学教育集团是温州市首批“未来教育”窗口学校、温州市首批儿童友好学校，拥有南瓯、龙霞、绿轴三个校区。学校提出“我们与未来只差一个你”的儿童友好理念，认为每一个儿童都是独一无二的，每一个儿童都有无限发展的可能，每一个儿童都应当被尊重。儿童就是校园的主角。校园的外墙设计是儿童参与投票选择的，校园的儿童乐园是儿童参与设计的，校园的景观也是儿童参与打造的。

图 4-22　温州市未来小学教育集团校区（图片来源：温州市未来小学教育集团）

一、尊重儿童天性，打造“体验式”校园

在未来小学，儿童友好最大的特色是“尊重儿童爱玩的天性，以儿童的视角，儿童的建议，儿童的创意，打造儿童喜欢的体验式校园”。走进校园，儿童活动中心、运动中心、交流中心、实践中心、阅读中心等十大中心区域分明，处处可以深度体验。如学校结合学科特点，将儿童活动最集中的几条走廊打造成可以体验、玩耍、学习的“活动中心”，让儿童在玩耍中，连接课内外知识，以达到玩中学、玩中思、玩中创的效果。每一个学科体验区域由儿童自己命名，自主管理。孩子们将语文长廊命名为“语河泛舟”“一湾墨色”，数学长廊命名为“数林漫步”“遇见数学”。

在儿童交流中心，可以看到“小未来秀场”（小龙人秀场、瓯娃秀场）“小先生讲坛”“红领巾广播站”“儿童友好小未来电视台”等。其中“儿童友好小未来电视台”是浙江省首家由市级媒体单位与学校合作的校园电视台。电视台创立以来，先后参与并报道了“石榴籽一家亲”“萤火虫在行动”“红领巾夜市活动”“喜迎党的二十大 红领巾心向党暑期研学活动”“走进‘眼镜小镇’”等各类研学活动。《中国教师报》主编诸清源曾调研学校，评价学校可体验的校园景观课程是目前全国做得最好的学校之一。

图 4-23　儿童交流中心（图片来源：温州市未来小学教育集团）

图 4-24　暑期研学活动（图片来源：温州市未来小学教育集团）

二、尊重儿童权利，成立“小先生联盟”

“尊重儿童权利，鼓励儿童开展校园自治，真正成为校园的主人。”是未来小学一直在努力的事情，未来小学的儿童有自治组织——小先生联盟。每个参与班级自治的“小先生”，都可以自主申请加入学校“小先生联盟”。“小先生联盟”由儿童自己组织招募，自己选择服务的部门，自己设计联盟徽章，自己制定联盟规则。联盟开展一周一次的分组反馈会议，一月一次的全员梳理会议，一学期一次的民主提案会议。

在不影响正常学习的前提下，校园课间、午间，各类活动中处处活跃着“小先生”开展自治活动的身影，孩子们的积分兑换由小先生负责，校园各大学习场景由小先生管理，每月的“校长下午茶”由小先生联盟积极分子参与。

校园里的许多地方都有儿童当家作主的痕迹。如自我管理铃声提醒系统由小先生自己录制，温馨提示语全部由小先生撰写，学校的楼名、校园十景等都由小先生来命名，学校文化产品小先生参与设计。校园内展现着“我的校园我做主”的自治氛围。学校被评为“瓯海区十佳儿童友好实践基地”。

图 4-25 “小先生联盟”组织（图片来源：温州市未来小学教育集团）

三、尊重儿童个性，打造“小先生”课堂

“尊重儿童个性，提供有利于儿童个性化成长的路径，为儿童的全面发展提供全方位的服务。”为了给每个儿童提供最佳的成长路径，学校深化教学常规建设，全面推进“小先生”课堂变革项目。学校从落实教学新常规，全面推进“小先生”六会学习力的落实，设计对应的教师六会教学力。整体规划“1+X+Y”学校作业体系，开展“大学科节”系列项目活动，不断创新

各类活动，助力儿童成长。2022 年 5 月 20 日，学校承办温州市第 13 届课改领航活动，展示了学校“小先生”课堂变革的成果。

学校相信每一个儿童都是独一无二的存在，学校的价值就在于为每一个儿童搭建最适合的成长通道，让儿童如其所是地成长。

图 4-26　科学小先生讲坛（图片来源：温州市未来小学教育集团）

儿童友好快评 · 案例创新点

1. 儿童友好的体验式校园：学校尊重儿童的天性，打造了一个以儿童视角、建议和创意为基础的体验式校园。各个中心区域（活动中心、运动中心、交流中心、实践中心、阅读中心等）都被设计成可以让儿童参与和体验的空间。学科体验区域由儿童自己命名和管理，营造了玩中学、玩中思、玩中创的学习效果。

2. 儿童参与的校园媒体：学校成立了儿童友好小未来电视台，这是浙江省首家由市级媒体单位与学校合作的校园电视台。学校电视台参与并报道各类研学活动，让儿童参与媒体的创作和传播，培养他们的表达能力和媒体素养。

3. 儿童自治组织：学校成立了“小先生联盟”，鼓励儿童开展校园自治，真正成为校园的主人。儿童可以自主申请加入联盟，并参与联盟的组织和管理工作。通过一周一次的分组反馈会议、一月一次的全员梳理会议和一学期一次的民主提案会议，儿童可以参与学校决策和管理。

4. 儿童个性化成长的课堂：学校注重尊重儿童的个性，提供有利于儿童个性化成长的路径和全方位的服务。通过推进“小先生”课堂变革项目，落实教学新常规和儿童的六会学习力，学校设计了对应的教师六会教学力。此外，学校还开展各类创新活动，如大学科节系列项目活动，以助力儿童的全面发展。

案例 4-5 ｜衢江区东港小学：“友好凤娃”飞满园

案例推荐｜衢州市衢江区东港小学

衢江区东港小学的办学理念是“凤飞东港，德泽天下”，办学目标是将学校办成“有德行、有特色、有品位”的三有学校。以“德”为首，倡导儿童优先、儿童平等、儿童参与。

一、政策友好——有孩子才有我们

作为衢州市第一批儿童友好试点学校，该校始终坚持将“儿童友好”元素融入孩子们的日常学习中，一言一行中。大到学校的整体建设，小到校园的走廊、楼道、厕所、各个角落等。随处可见的童趣标识、具有开发潜力的思维角与独特创新的体育设备等，通过这些潜移默化的形式给凤娃们一个有趣的童年，让凤娃们在这所友好的校园里健康快乐地成长。

学校始终坚守：凡是孩子的事情，永远摆在第一位。所以，在这样的背景和坚守下，学校制定了《东港小学儿童友好型校园实施方案》，成立了以校长为组长、以学校行政及年级组组长、教研组长、班主任、心理老师等为组员的工作领导小组，尽心尽力，用心用情，将创建儿童友好学校作为学校工作的工作重心。

二、服务友好——有孩子才有大爱

“孩子没想到，我们已做到。”学校每周三开展的凤雅课程，包括阅读、围棋、书法。孩子们可以随时走进凤凰书吧，自由享受阅读之趣；也可以选择自己喜欢的同学来一场对弈；还可以随时提笔写毛笔字，画画。

学校还根据每个年级学生的不同身高，设置不同高度的课桌和洗手台，让这些课桌和洗手台也变得更适宜。

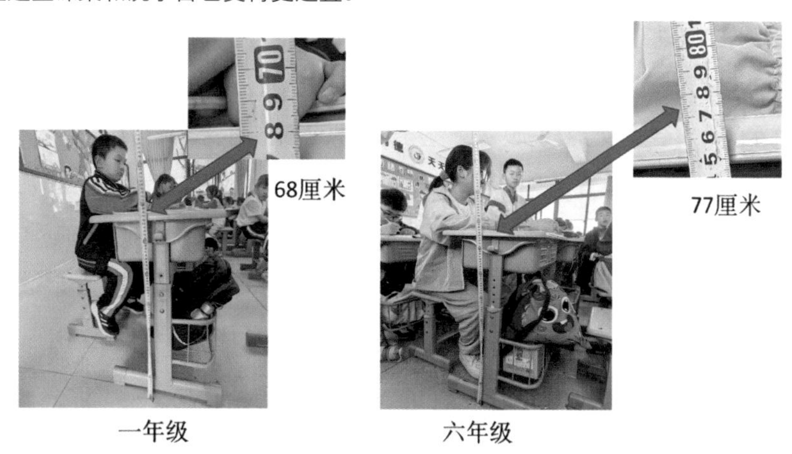

图 4-27　一年级和六年级课桌高度的区别（图片来源：衢江区东港小学）

图 4-28　六年级（左）和一年级（右）洗手台高度的区别（图片来源：衢江区东港小学）

除此之外，学校对整个校园都进行了适童化改造，走廊从一开始的易滑到现在的防滑，还增设防雨棚、铺设防腐木、将大台阶改成小台阶等，这些细微的改动都让儿童的学习生活更安全、更舒适、也更方便。

学校的凤健大课间分为晴天版和雨天版。晴天版大课间活动形式除了有凤健跑操、凤健姿态操、凤健体操等项目。雨天大课间则利用走廊宽敞这一优势，在走廊上舞动由老师自编自唱的一套特色凤凰操，接着是凤健姿态操，最后分班级进行摸高挂杆。

当然，最受孩子们欢迎的是学校的凤凰小课间。学校利用走廊的柱子和教室的外窗台安装了挂杆设备，利用走廊的顶部空间设计了吊环设备，利用走廊内侧的墙壁设置了摸高活动板。五彩缤纷的颜色不仅能缓解学生的视觉疲劳，也为校园文化增添了鲜艳的一笔。每当下课铃声过后，学校的凤健音乐便会无缝衔接，召唤孩子来到走廊摸高挂杆等运动，孩子们个个快乐无比。

利用每周二的大课间活动时间，以班级为单位进行凤炫大舞台表演，要求全班同学参与，为每个学生提供彰显个性的场所；学校每学年一次的凤凰艺术节，为学生提供了才艺展示的天地；老师和孩子们一起自编的乒乓球护眼操，为学生提供了视力健康的保障。

图 4-29　摸高运动（图片来源：衢江区东港小学）

图 4-30　凤炫大舞台表演（图片来源：衢江区东港小学）

学校每学期都会与青少年宫、科协、红十字会等单位共同开展科技、法治、急救等各类学习实践活动。

这一系列活动的开展都以儿童为出发点，以儿童的快乐为落脚点，让儿童友好的举措落实到校园的点点滴滴中。真正体现有孩子才有大爱。

三、权利友好——有孩子才有成长

为了保障孩子们的参与权和表达权，学校为儿童搭建参与观察、思考的平台。东港小学大队部通过一次次讨论和选举，经校委会审议，成立了儿童观察团。

图 4-31 儿童观察团（图片来源：衢江区东港小学）

成立之后，东港小学金凤凰观察团成员开展了一系列行动，如：与方伯伯进行了一次亲切的访谈，为学校的医务室工作提供宝贵建议，和老师共同参与学校五美班级的评比等。孩子们在一次次的踊跃发言和建言献策中不断进步，不断提升，不断迸发出争当校园小主人的热情。

“校长，请留步！”“老师，请听我说！”漫步在校园里，常常会听到这样的话。有一次，校长忘记戴校徽路过六年级，有同学马上说：“校长，请留步，你忘记戴校徽了。”校长一看，果然没戴。于是，这名学生马上拿出校徽递给他。师生们就是在这样平等、友好的氛围下彼此督促，彼此成长。

每个班级还为学生设置了心愿墙，那里藏着孩子们的小小心愿。当孩子们需要老师帮忙时，当孩子们有心里话想说时，当孩子们新学期有新的期盼时，当孩子们想要实现某种心愿时，就可以将自己美好的心愿书写在五颜六色、形式多样的心愿卡上。一笔一世界，一纸一心愿，小小心愿卡，点亮成长梦。

与此同时，结合儿童需求，学校还着手构建趣味性强、创意性强的空间结构。去年学校完成了凤凰水系的建造，有假山、有喷泉，还有学生自己带来的小金鱼，利用课余时间孩子可以自主喂鱼。

以上这一幕幕不仅为校园环境增添了新的活力，也大大营造了儿童友好新风尚，让孩子们在安全、温馨、关爱的氛围中获得真实而又快乐的成长体验。

四、空间友好——有孩子才有创新

“我的空间我做主”，学校始终秉承以儿童友好为基础，打造儿童友好空间为硬标准，真正立足儿童的需求。让孩子自己设计自己的空间，下图是孩子为自己楼层厕所的宣传设计。学校一直努力改造校园基地，努力创造宜学、宜乐的良好校园环境。如：在教学楼各层楼梯口增设了思维角，有二十四点、汉字棋、魔方、围棋等。孩子可以利用课余时间展示自己的智慧。

三楼这个平台一开始是闲置的，后来经孩子们建议，学校把这个平台改建成一米凤健台，里面开设了跳房子、走迷宫等孩子们喜欢的游戏，把所有可利用的空间都合理利用起来，让平台成为儿童交互体验的游乐场，在这个独特的游乐场中尽享其童年。

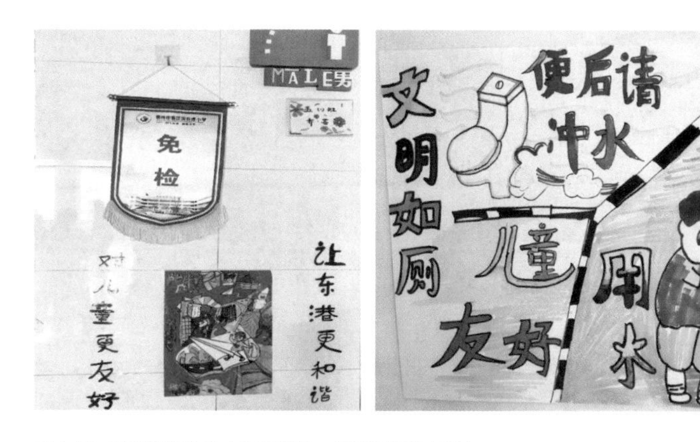

图 4-32　厕所宣传设计（图片来源：衢江区东港小学）

图 4-33　思维角（图片来源：衢江区东港小学）

在凤勤园中，孩子们变身“小农夫”，足不出校就能亲身体验劳动的艰辛与收获的喜悦。

“粉艺飞扬”教室，一个个粉干制作大师正在上演粉干制作。学校新建的资源教室，为特殊学生“开小灶”，用实际行动呵护每一个孩子的生命成长。还有挂杆、摸高、攀岩、吊环、音乐教室、科学教室都从孩子们的天性出发，设置成他们喜欢的颜色和样子。正因为有了这些可爱的孩子们，本着一切为了孩子的原则，学校的空间才会有不断的创新。

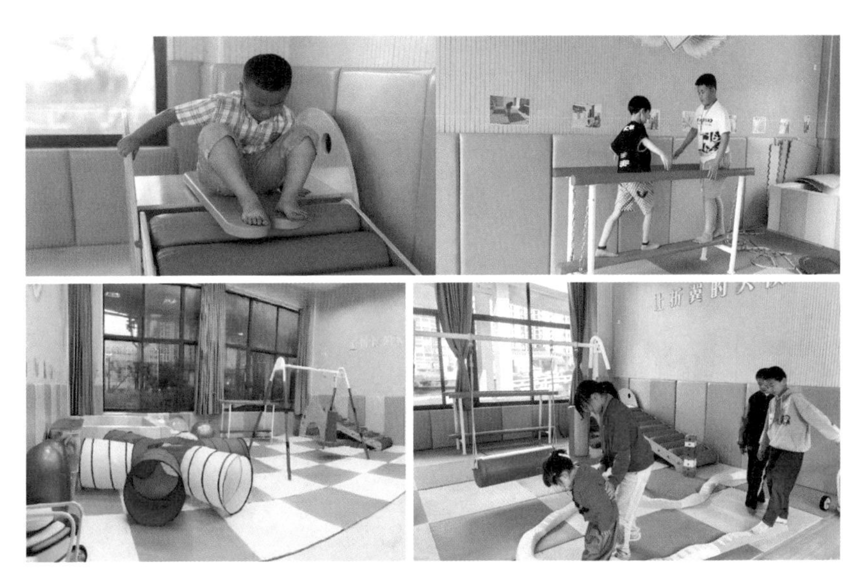

图 4-34　活动室（图片来源：衢江区东港小学）

五、环境友好——有孩子才有童趣

有孩子的校园，才有童趣，有童趣的校园，才有生机。学校设计了吉祥物凤娃，它就是童真童趣的化身，是由老师和学生根据学校的办学理念来设计的。孩子们非常喜欢它，经常会去摸摸它，抱抱它。走进校园，随处可见的是这些标语：

一米关爱，一路“童行”；

童心之悦，乐玩世界；

礼遇一座城，同筑一个梦；

关注儿童成长，东港走在路上；

创儿童友好城，筑美丽东小梦；

这不仅是一句句简简单单的宣传标语，更是学校践行儿童友好的办学准则。

东港小学是一所多民族融合的学校，其中以畲族居多。畲族以凤凰装为主要装束，她们的服装就像一只只飞在身上的凤凰。凤凰装，是畲族服饰的精华，蕴含着丰富的畲族内涵文化，学校关注到了每一个民族的儿童，并将儿童友好元素植入每个民族儿童的日常学习和生活，让这些孩子也能在这样童真童趣的校园平等、自由地起飞。

校园是儿童成长的主要场所，让校园成为儿童喜欢的模样，这是学校的最初追求，也将是学校的终极目标。

图 4-35　民族服饰（图片来源：衢江区东港小学）

图 4-36　校园楼梯（图片来源：衢江区东港小学）

图 4-37 凤炫大舞台表演（图片来源：衢江区东港小学）

儿童友好快评 · 案例创新点

1. 儿童友好：衢江区东港小学以儿童友好为核心理念，将儿童的需求和权益置于首位。他们通过改造校园环境，设置童趣标识和创意体育设备，为孩子们创造了一个游戏化的学习环境，让孩子们在友好、快乐、健康的氛围中成长。

2. 服务友好：学校提供丰富的凤雅课程，如阅读、围棋、书法等，让孩子们自由选择自己感兴趣的活动。他们还根据学生的身高设置不同高度的课桌和洗手台，为孩子们提供更加温馨和舒适的学习环境。此外，学校还开展了各类凤健活动和凤凰艺术节，关注学生的身心健康和才艺发展。

3. 权利友好：学校为孩子们搭建了参与观察、思考的平台，成立了儿童观察团，让孩子们参与学校的决策和管理。孩子们通过与社区的互动和提供宝贵建议，培养自主思考和表达的能力，不断提升自己。

4. 空间友好：学校注重创造宜学、宜乐的校园环境，让孩子们参与设计自己的空间。他们在校园中设置了思维角、一米凤健台等创意空间，让孩子们展示自己的智慧和创造力。通过合理利用可用空间和改造校园基地，学校营造了儿童友好的环境，让孩子们享受真实而快乐的成长体验。

5. 环境友好：学校通过设计吉祥物、童趣标语等方式，营造了充满童趣和生机的校园环境。他们倡导关注儿童成长，积极践行儿童友好的理念，努力构建美丽的校园和城市，为孩子们创造一个宜居、宜学的环境。

案例 4-6 ｜苏州市姑苏区打造儿童保护型友好交通

案例推荐｜苏州市

儿童友好的交通空间，是大城市中最牵动父母心弦的公共空间。结合苏州市道路交通大整治大提升行动迈入 2.0 阶段的契机，姑苏公安分局交警大队持续发力，在市公安局交管局、姑苏区公安分局的领导下，强化友好交通理念，整合苏州市劳动路实验小学校教职工及家长志愿者、街道、城管、派出所、轨道交通和公交公司等“一校多方”的管理力量，全力打造儿童保护型友好交通体系，力争为全市校园交通安全树立新标杆。

一、欢声笑语的上学路交通组织全局优化

为了让儿童上学更加安全，通行更加顺畅，姑苏区公安分局交警大队统筹规划、测算分析，并将后期胥涛路对接衡山路隧道工程也超前纳入考虑，最终决定对学校周边部分道路实行单行线管控措施，确定云庭路（胥涛路至枣市街路段）实行由北向南机动车单行、枣市街实行机动车西向东单行，形成“微循环”的交通组织。

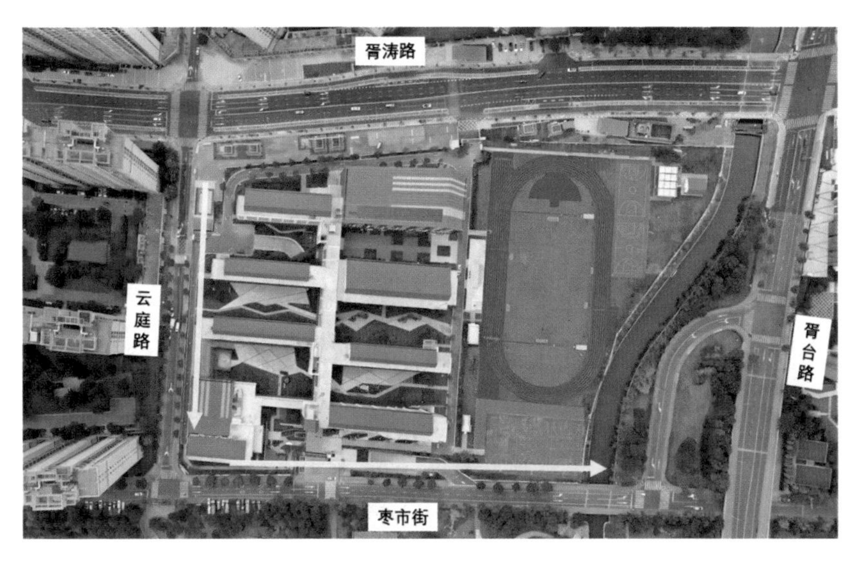

图 4-38　姑苏区胥涛路至枣市街路段单行线管控措施（图片来源：姑苏区公安分局）

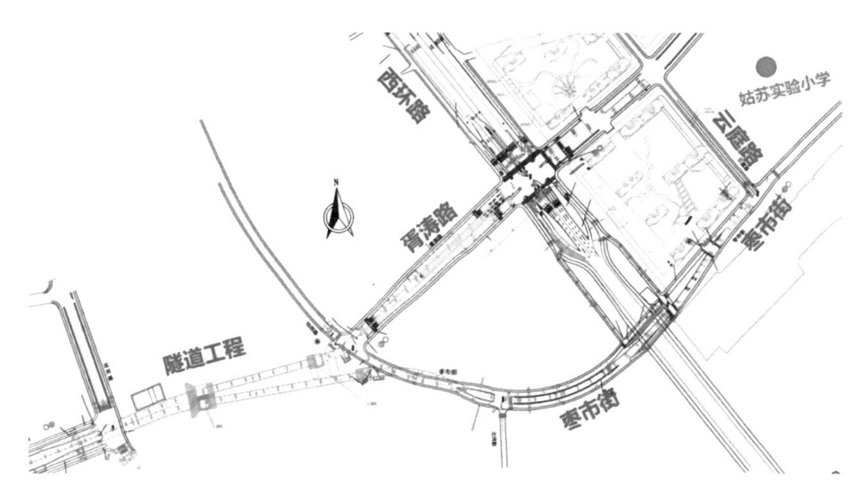

图 4-39 姑苏区胥涛路至枣市街路段周边学校与工程位置示意图（图片来源：苏州市姑苏区公安分局）

联合公交公司开设 9022 路社区巴士，作为苏州市劳动路实验小学的通学专线，设置环形线路对施教区进行全覆盖，并在学校南门设置校园巴士专属停车位，进一步推广绿色出行理念，也保证学生在安全区域上下车。

图 4-40 劳动路实验小学南社区巴士车站（图片来源：苏州市姑苏区公安分局）

二、人车分离的校园路交通流线合理设计

为了最大化提升学校门口接送秩序，也为了更好地保障学生在校交通安全，姑苏区公安分局交警大队联合校方、街道、公交公司等相关部门实地勘查、精心设计，在苏州市劳动路实验小学北门、西门、南门设置不同的学生接送点，将人流、车流进行合理分流。

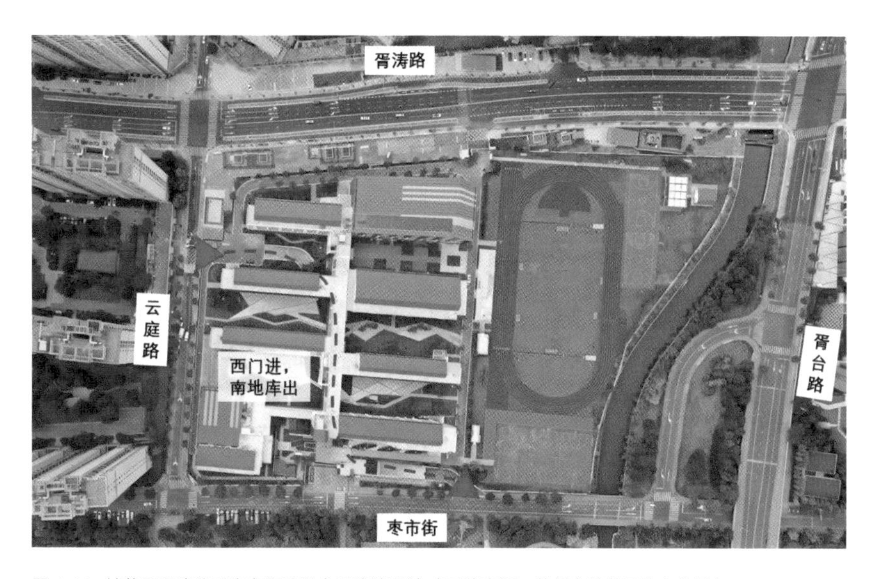

图 4-41　姑苏区胥涛路至枣市街路段交通流线设计（图片来源：苏州市姑苏区公安分局）

图 4-42　等候学生放学的家长（图片来源：苏州市姑苏区公安分局）

学校北门分区设置非机动车、行人接送点，非机动车接送点分隔学生等候区及家长接送区，并配以地面文字及标识；西门设置机动车接送点，并为家长车辆规划好了路线，做到安全、高效；学校南门则设置了通学巴士专用接送点，便于学生安全上下车。

三、安全愉悦的通行道道路设施整合建优

为了让学校周边出行更加安全，姑苏区公安分局交警大队充分完善附近 4 条道路的交通设施，对道路标线重新覆线，完善交通标志，同时设置校门口黄色网格线、立体斑马线、通行专线巴士停车点、非机动车等候区地面特色标识、分隔护栏等，以颜色鲜明、易懂显眼的标志指引行人和车辆有序通行，贯彻儿童友好理念。并且最大限度使用已有资源，比如利用胥涛路轨道交通 5 号线双桥站已建成的地下通道精确设置立体过街，行人从地下通道通行，避免横穿马路带来的危险，提高行人过街安全性。

图 4-43　显眼指引标志（图片来源：苏州市姑苏区公安分局）

四、生动活泼的体验区安全教育创新进步

交警部门利用学校教学楼长廊，设置朱雀少年沉浸式交通安全体验区，设有安全知识我须知、安全上路我守护、安全乘坐我须知、安全上学我守护、安全手势我须知、安全行驶我守护、道路安全我守护、道路法规大考验 8 站，以分角色扮演、情景模拟、知识竞赛等形式，创新安全教育形式，加强学生安全意识。

图 4-44　交通安全体验区（图片来源：苏州市姑苏区公安分局）

儿童友好快评 · 案例创新点

1. 欢声笑语的上学路交通组织全局优化：通过统筹规划和分析，采取单行线管控等措施，形成“微循环”的交通组织，使儿童上学更加安全和通行更加顺畅。同时，开设校园巴士专线和设置专属停车位，为学生提供安全的通学交通工具。

2. 人车分离的校园路交通流线合理设计：与学校、街道和公交公司等相关部门合作，实地勘察和设计学生接送点，将人流和车流合理分流。通过设置非机动车、行人接送点、机动车接送点和通学巴士专用接送点等不同功能的接送点，提升学校门口接送秩序和学生在校交通安全。

3. 安全愉悦的通行道道路设施整合建优：完善周边道路的交通设施，重新覆线、完善交通标志，并设置了校门口黄色网格线、立体斑马线、专线巴士停车点、非机动车等候区地面特色标识和分隔护栏等。通过鲜明、易懂、显眼的标志和设施，指引行人和车辆有序通行，落实儿童友好理念。另外，利用已有资源，如地下通道，设置立体过街，提高行人过街安全性。

案例 4-7 ｜深圳首座儿童友好型天桥——罗湖区田贝天桥

案例推荐｜深圳市

一、学会蹲下来，发现孩子眼中的世界

“学会蹲下来，发现孩子眼中的世界。”这是对深圳这座儿童友好城市的真切描绘。

2020 年“六一”儿童节前改造完毕的深圳首座儿童友好型天桥——罗湖区田贝天桥，从设计阶段就面向罗湖区儿童征稿，并从中归纳创作。

田贝天桥位于文锦北路，周边有深圳市锦田小学、清秀幼儿园、天俊幼儿园等，故将其定位为“儿童友好型天桥”。

在天桥方案设计阶段曾向罗湖区儿童征稿，并从中归纳创作，其中田贝天桥设计灵感源于儿童画作中的彩虹桥。

天桥立面采用 186 块彩色渐变亚克力板，整体风格活泼、色彩鲜明，具有童趣，也配置了儿童扶手、橡胶地垫等设施，满足儿童的使用需求。

这座夜晚会散发彩虹般光芒的天桥，深受周边小学和幼儿园小朋友喜爱。

二、首座儿童友好型天桥，设计理念向儿童权益倾斜

罗湖为什么要把天桥建设成儿童友好型天桥？广东省建筑设计研究院高级建筑师磨艺捷介绍，罗湖作为深圳历史最为悠久的城区，区内学校众多，道路以车行为主，儿童穿越天桥的频率会远远高于其他区，天桥在罗湖区成为儿童使用的主要步行空间。

图 4-45　田贝天桥改造前（图片来源：罗湖区妇联）

图 4-46　田贝天桥改造后（图片来源：罗湖区妇联）

“我们得知，罗湖区有一个 30 座天桥的改造项目，因此在罗湖区妇联和区城管局、教育局的指导下，我们对罗湖天桥覆盖的区域进行调研，最后选取了学校周边使用最密集的天桥，作为儿童友好型天桥的试点，并将儿童友好型城市建设的理念延伸到了儿童友好型天桥的理念中。”磨艺捷说道。

儿童友好型城市的概念源于 1996 年世界人居会议，对于儿童友好型天桥与一般天桥的最大不同，儿童友好型天桥的设计理念与一般的天桥设计理念不同，是向儿童的权益进行倾斜。

“在天桥的建设前期，罗湖区妇联还组织了‘儿童心目中的天桥’绘画大赛，充分体现了在项目决策的过程中，对儿童权益的倾斜。通过绘画大赛，我们从儿童那里得到了非常多的信息，田贝天桥就采用了在儿童的呼声中最高的彩虹元素作为设计理念。”

田贝天桥不仅在形态和色彩向儿童倾斜，并在细节上也对儿童进行照顾，细节设计处处体现适童化。在天桥处设置了儿童及无障碍扶手，让儿童在上下楼梯的时候更有安全感；安装儿童无障碍标识、扶手盲文，贴近儿童心理；在灯光的设计上，杜绝儿童视线上的泛光，让环境对儿童的眼睛更加友好；地面采用了橡胶地垫，使用软性垫层，让儿童如果行走在上面玩耍时摔跤可以得到充分的保护。“这些细节充分体现了维护儿童的权益。”磨艺捷说道。

“儿童友好型天桥的建设是起到一个先行示范的作用，是一个实实在在的民生工程。”对儿童友好型天桥的意义，磨艺捷表示，天桥的建设和落地，让广大的市民对儿童友好型城市概念的认识不仅停留在政府的文件上和宣传画上，而是可以从为市民做的看得见、摸得着的服务项目上感知。

儿童友好快评 · 案例创新点

1. 学会蹲下来，发现孩子眼中的世界：在设计阶段，深圳的儿童友好型天桥面向罗湖区儿童征集意见，并从中汲取创意灵感。天桥的设计灵感来自儿童画作中的彩虹桥，采用了彩色渐变亚克力板和儿童设施，创造了一个活泼、色彩鲜明且具有童趣的天桥空间。

2. 首座儿童友好型天桥，设计理念向儿童权益倾斜：罗湖区将天桥定位为儿童友好型天桥，考虑到该区域儿童使用天桥的频率较高，通过儿童征稿、绘画大赛等方式，充分倾听儿童意见，并将儿童友好型城市的理念延伸到天桥的设计中。天桥不仅在形态和色彩上向儿童倾斜，还在细节设计上考虑儿童的需求和安全，如设置儿童及无障碍扶手、无障碍标识、扶手盲文，以及使用橡胶地垫等。

3. 具体落地的民生工程：儿童友好型天桥的建设和落地不仅是一个概念，而是通过实际的工程项目向市民展示了儿童友好型城市的概念。这座天桥作为先行示范项目，为广大市民提供了实际的服务和体验，让人们能够真实感受到儿童友好型城市的意义和效果。

儿童视角

我眼里的儿童友好学校

我觉得，儿童友好学校就像是一个充满爱和快乐的家。

当我走进学校的大门时，老师们总是用亲切的笑容迎接我，让我感到被重视和被喜欢。学校里的环境整洁明亮，有很多漂亮的图画和装饰，让我觉得舒服和愉快。而且，学校会定期进行安全演习，教我们如何保护自己，这让我觉得很安心。

学校有很多丰富多彩的活动和课程，让我们可以尝试各种不同的事物。我可以参加各种兴趣小组，例如乐高、足球、航模等。学校的老师们总是鼓励我们发挥自己的特长，给我们支持和指导，让我们可以充分展示自己的才艺。

最重要的是，学校让我感到快乐和幸福。在学校里，我可以与小伙伴们一起玩耍和学习。学校也会组织各种有趣的活动，如春游秋游、运动会、艺术节等，让我们充分展示自己，感受一起战斗一起胜利的喜悦。

——杭州市育才实验学校 史然 （十岁男孩）

第 5 章

—

儿童友好医院

引言：儿童友好医院的实践创新

儿童友好医院是一种以儿童为中心的医疗服务理念，旨在为儿童提供安全、舒适、关爱的医疗环境。这种理念强调尊重儿童的需求和权益，提供专业、高质量的儿科医疗服务，关注儿童的生理和心理健康。

儿童友好医院的实践创新机会，是在以下几个方面开展的。

1. 儿童友好环境：创建温馨、有趣、舒适的就诊环境，如色彩鲜艳的墙壁、有趣的装饰、儿童游乐设施等，以降低儿童就医时的恐惧感。

2. 专业儿童医疗团队：建立专业的儿童医疗团队，提高医护人员的儿童护理技能和沟通能力，以提供更优质的儿童医疗服务。

3. 家长参与护理：鼓励家长参与儿童的护理过程，提供家长陪伴病床和相应的护理培训，以促进家庭与医护人员之间的合作。

4. 儿童医疗教育：开展儿童医疗知识普及活动，帮助儿童和家长了解疾病预防、治疗及康复等方面的知识。

5. 心理支持：提供儿童心理疏导和心理康复服务，帮助儿童应对生病带来的心理压力。

6. 个性化治疗方案：针对每个儿童的具体情况制定针对性的治疗方案，关注儿童的生理和心理需求。

7. 创新医疗技术：引入先进的医疗技术和设备，提高儿童医疗诊断和治疗水平。

8. 儿童康复服务：提供专业的儿童康复服务，关注儿童在康复过程中的身心健康。

9. 社区卫生合作：加强与社区卫生服务中心的合作，推广儿童友好医疗服务理念，提高社区儿童医疗服务水平。

10. 医患沟通：加强医患沟通，定期举办医患沟通座谈会，了解患者需求，改进医疗服务。

案例 5-1 | 文新街道社区卫生服务中心：家门口的儿童友好医院

案例推荐 | 杭州市西湖区

2022 年 11 月以来，杭州市西湖区文新街道社区卫生服务中心借着搬迁新址、配套设施大提升和牟夏莲名医工作室成立的契机，在西湖区妇联的指导下，坚持“一米高度”和“儿童优先”的原则，多措并举做实儿童全周期健康服务。目前，儿童友好医院初具雏形。

一、政策友好：“仁心”服务彰显“儿童优先”原则

图 5-1 儿童照护室（图片来源：西湖区妇联）

中心先后推出儿童 25 羟维生素 D 免费检测、生长发育包优惠套餐等服务，成立“悦伴成长”志愿服务队，开展儿童照护、健康教育活动，使婴幼儿家庭掌握科学养育的相关知识、方法和实操技能，促进婴幼儿大运动、精细运动、语言交流等各方面的综合发展。

二、空间友好：建设童话就诊环境

图 5-2 “三位一体”儿童服务区（图片来源：西湖区妇联）

走进文新街道社区卫生服务中心三楼，“医、防、护”三位一体的“健康之家”让儿童犹如走进了童话世界。孩子们可以自己去“儿童活动区”，拍完照，再到五楼营养小屋体验快乐厨房的乐趣，最后，跟着家长前往护士台签到。

在标识牌上、诊室门前、治疗室内处处可见生动可爱的卡通形象图片。诊疗区里，处处体现儿童友好的细节。“我们希望通过细节的改造，吸引孩子的注意力，最大可能减弱孩子们对看病恐惧的心理。”社区卫生服务中心儿科科长、西湖区名医牟夏莲说。

图 5-3 儿童治疗室（图片来源：西湖区妇联）

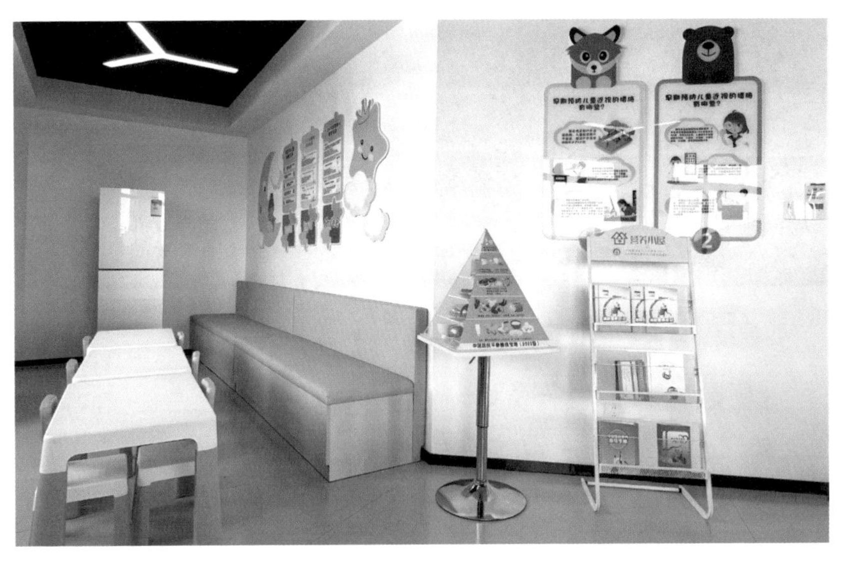

图 5-4 儿童营养小屋（图片来源：西湖区妇联）

三、文化友好：健康知识浸润童心

图 5-5　幼儿绘画比赛（图片来源：西湖区妇联）

图 5-6　幼儿健康讲座（图片来源：西湖区妇联）

除了在环境上的用心，中心还针对不同年龄段儿童的生长发育、体质、视力等家长们关心的热点问题，让孩子在玩乐中零距离接触营养知识和健康文化，例如，在全国儿童预防接种宣传日开展儿童绘画大赛，以画促宣根植健康理念。在该中心的儿童健康区域，围绕 0—16 岁青少年儿童提供集医疗、保健、早期发展、康复训练、养育照护于一体的医疗服务模式。中心成立了婴幼儿照护驿站，内设早期发展训练室、营养厨房、亲子活动区等。儿童健康管理团队还和学校合作，定期入校开展青少年心理课堂、急救培训、营养知识、传染病防控知识讲座等服务，优势互补共推儿童友好建设。

四、服务友好：“匠心”服务铸就特色专科

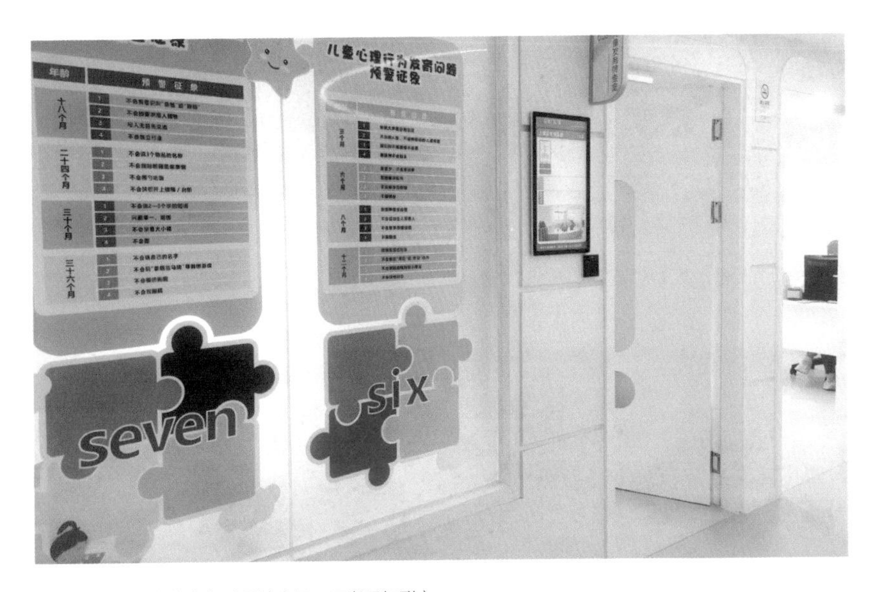

图 5-7 儿童发育筛查室（图片来源：西湖区妇联）

“在儿童友好中，要关注健康儿童，也要关注患病的儿童，让孩子在家门口就能解决健康问题。”本着这样的理念，儿科主任牟夏莲带领团队先后开展了视力调护、脊柱矫正、鼻炎中西医结合治疗三个新项目，并对儿童生长发育、小儿推拿、慢性咳嗽的门诊部进行升级改造，不断改善儿童就医体验，让孩子在家门口就能享受到专科门诊的健康服务。此外，优化组合后的儿童健康管理大团队还开展儿童心理评估、咨询、治疗服务，早发现、早干预儿童的心理问题。接下来，文新街道社区卫生服务中心将继续聚力一体化、一米世界、一个品牌、一个未来规划，全方位彰显儿童友好理念，为儿童提

供“医、防、护”一体化的医疗保健服务，努力为儿童提供更加温馨、安全、优质、高效的医疗保健服务，促进儿童健康快乐成长。

儿童友好快评 · 案例创新点

1. “儿童优先”原则：杭州市西湖区文新街道社区卫生服务中心在儿童全周期健康服务方面坚持“一米高度”和“儿童优先”的原则，将儿童的需求和福祉放在首位。

2. 政策友好：中心推出多项免费或优惠的儿童服务，通过政策支持和举措来提供更好的医疗服务。

3. 空间友好：通过建设童话就诊环境，减弱他们对看病的恐惧心理。

4. 文化友好：中心注重在儿童健康服务中融入健康知识和健康文化，通过儿童绘画大赛、提供营养知识和健康宣传活动等方式，让孩子们在玩乐中接触相关知识，树立健康意识。

5. 服务友好：中心提供特色专科服务，针对普通儿童和患病儿童的不同需求，开展视力调护、脊柱矫正、中西医结合治疗等新项目，并对儿童生长发育、小儿推拿、慢性咳嗽门诊进行升级改造，为孩子们提供更便捷、更专业的医疗服务。

案例 5-2 | 瓯海区中西医结合医院：以“大树”之姿让“儿童友好”开花结果

案例推荐 | 温州市瓯海区

在“儿童友好城市”的创建中，医院作为儿童健康保障最重要的一道防线，担负着保护儿童生命健康的责任与使命。温州市瓯海区中西医结合医院作为瓯海区首家儿童友好医院，以“仁心当红，服务为民”为宗旨，以“儿童友好，童健童行”为目标，以“大树”参天之姿，为儿童提供集医疗与保健一体的健康管理服务，努力护佑儿童身心健康。

一、搭建儿童友好“新平台”，形成特色新模式

瓯海区中西医结合医院，为高效、专业参与儿童友好城市建设，率先成立儿童友好医院创建工作小组，详细制订儿童友好医院创建工作实施方案，同时定期召开专题会议了解创建进度，创建办实行月专项工作督查机制，及时发现创建中存在的问题，进行整改落实。

院内的中医药文化馆被评为瓯海区“十佳儿童友好实践基地”，医院采用中国传统文化装饰元素，突出中医药文化特色，以宣传、推广中医药知识为重点，内设中医药历史展示区、中医药文化展示区、中医药知识科普区等六大功能区，凸显科普性、互动性、趣味性和现代性的特点，并依托于自身中医药优势，整合资源，针对不同年龄段儿童，举办形式多样、内容丰富的中医文化实践活动，如针对小童，开展以“走进中医文化 探寻传承之旅”讲为主的座授课形式；中童开展以“变身小小中医 浸润杏林文化”为主的职业体验；大童开展以“小手工大制作 感触中医魅力”为主的中医药手工 DIY 活动，创新儿童参与模式，将服务延伸到每一个家庭、每一名儿童，全力满足儿童研学、科普、游乐需求。同时，还有“杏林天使”志愿服务，以品牌化的姿态，提供儿童保健、儿童中医调理等宣教活动，入校入托开展科普知识讲座、学生体检、接种证查验、核酸采样等服务。

图 5-8 中医药文化馆（图片来源：瓯海区中西医结合医院）

二、解锁儿童友好“新场景”，夯实美好新空间

“空间友好”是医院推进儿童友好建设的一部分，医院不断“解锁”儿童友好幸福新场景，拓展儿童友好路径。着眼于儿童“1 米看世界”为主线，对医院入口处、儿童可触及的诊疗、保健区域进行了改造，与此同时，也加强儿童友好团队配置，优化保健服务流程，寓教于乐、多样参与。

具体措施有：

1. 儿童视角共创建：原创 IP 儿童友好小天使“暖暖”，形象贴近儿童喜好，对儿童预防接种、儿科诊疗进行贴心指引；成立“杏林小天使”儿童观察团，带领儿童现场参观“医、防、护”一体健康管理中心，让儿童切身体验服务项目，以他们的视角去发现创建工作中细小的问题，关注儿童的话语权，保障儿童知情、建议、平等参与的权利。

2. 儿童环境展温情：在涉及儿童诊疗、服务的区域在保证安全的前提下，融入儿童元素，配置儿童诊疗桌、诊疗床，添设科室指引射灯、古诗墙，设立网红打卡墙、精心打造彩虹通道、并开展以“孩童眼中的友好医院”为主题的绘画作品征集活动等，富有童趣，从而进一步消除儿童就医恐惧感，营造良好的儿童就诊环境。

3. 儿童团队共襄助：建立“杏林天使”爱心服务志愿团队，提供儿童保健、预防接种、婴幼儿游泳、抚触、儿童中医调理、优孕优生优育指导、系列养护课堂等功能于一体的优质服务。

4. 儿童通道助快捷：医院以小豆苗 App、约苗、微信号等为载体多方面提供预约服务，采用智能客流叫号系统实现人员分流，通过组建微信群搭建家长交流、咨询服务平台，丰富家长和儿童的保健服务体验。

图 5-9　医院诊疗保健区域（图片来源：瓯海区中西医结合医院）

三、铺就儿童友好“养育路”，展现成长新气象

医院秉承对儿童的生命健康的尊重，立足基层、深入社区、面向家庭倡导新型育儿理念，提供优质养育技巧，指导家庭营造友好型婴幼儿生长环境，自 2022 年 2 月起，每周定期开展一次婴幼儿亲子照护课程，鼓励家长在与孩子愉快玩耍、互动游戏的过程中有意识地培养和教育孩子，同时指导家长

通过观察，选择孩子感兴趣且适合的不同游戏，由简入繁，循序渐进，遵循“每次延伸一点点”的原则，让儿童在放松快乐的玩耍中学习，让家长在温馨的氛围中享受养育的乐趣。并对每个参加课程的家庭进行养育风险筛查、儿童进行个体化发育筛查测评，给予个体化早期发育指导。院内设有儿科、儿童中医健康调理中心、儿童保健科、婴幼儿照护团队 4 支儿童专业的医疗团队及开设 2 个儿童特色服务门诊，主要对婴幼儿营养喂养、常见病防治、生长发育等进行诊治和指导。中医小儿推拿、贴敷、耳穴埋豆等绿色疗法深受家长的认可和欢迎。儿童不用打针和吃药，就可以轻松治疗多种疾病，便于操作、无创伤、无不良反应。引进 ASQ 的发育筛查工具，也帮助家长全面了解孩子的发育水平。同时，线上线下“双管齐下”，院内院外科普不断。用线下讲座、体验课、科普课程和线上宣教、院刊、公众号等多方式多途径宣传，形成儿童友好健康先行的良好氛围。

儿童友好快评 · 案例创新点

1. 儿童友好医院创建工作小组：该医院率先成立了儿童友好医院创建工作小组，并制定了详细的实施方案，通过定期会议和督查机制，确保儿童友好城市建设的顺利进行。

2. 中医药文化馆和中医文化实践活动：医院内设中医药文化馆，并通过丰富的中医文化实践活动，如讲座、职业体验和手工 DIY 等，向儿童普及中医药知识，满足儿童研学、科普和游乐需求。

3. 儿童友好场景改造：医院注重从儿童的视角出发，对医院入口、诊疗区域进行改造，增加儿童元素和友好设施，打造儿童友好的就诊环境，减少儿童的就医恐惧感。

4. 儿童团队和通道服务优化：医院建立了“杏林天使”志愿服务团队，提供儿童保健、预防接种和中医调理等服务。同时，通过 App、微信等渠道提供预约服务和智能客流叫号系统，提高家长和儿童的保健服务体验感。

5. 婴幼儿亲子照护课程和养育技巧指导：医院定期开展婴幼儿亲子照护课程，帮助家长学习养育技巧，营造友好的婴幼儿生长环境。同时，进行养育风险筛查和个体化发育指导，提供个性化的早期发育支持。

实践观点

“身心灵”三大场域融合构建儿童友好医院新范式

儿童友好顾问、童联萌儿童友好发展中心主任史路引认为，儿童友好医院建设，应当将“物理（身）、心理（心）、文化（灵）”三大场域进行深度有机融合。三大场域的深度融合有助于构建一个全面关注儿童身心健康的医疗服务体系，同时可以激发跨领域的创新与合作，推动医疗服务不断改进，进一步满足儿童的特殊需求。

童联萌儿童友好发展中心收集整理了来自于儿童、家长、医院和其他利益相关者的反馈，提出儿童友好医院“物理（身）、心理（心）、文化（灵）”三大场域的定义和各利益相关方视角的实践可能。

一、三大场域的定义

“身”——物理场域：主要指医院的硬件设施，如建筑布局、病房设施、治疗设备等。对于儿童友好医院来说，物理场域的设计应注重儿童的生理和心理需求，如提供亲子化病房、设置儿童游乐设施等，以创造一个舒适、安全的治疗环境。

“心”——心理场域：主要涉及儿童在医院接受治疗过程中的心理需求和心理健康。医院应提供专门的心理支持服务，如心理咨询、心理治疗等，帮助儿童应对因病导致的心理问题，减轻心理压力，促进身心康复。

“灵”——文化场域：医院必须树立“儿童第一”的理念，将保障儿童权益置于第一位。重点关注医院内的文化氛围、人文关怀以及医患沟通等方面。这包括医院文化的建设、医务人员的专业素养和服务态度，以及医患沟通的有效性等。一个富于人文关怀的医院环境有助于儿童在心理上更容易接受治疗，并在身心康复中受益。

二、儿童视角的实践可能

“身”——物理场域：医院应具备儿童友好的设计，如温馨的色彩、舒适的家具、易于理解的导航标识等，以便儿童在医院中能够自由自在地活动。

“心”——心理场域：医护人员应具备良好的沟通技巧，能够与儿童建立信任关系，关心儿童的情感需求，帮助他们缓解恐惧和紧张情绪。

“灵”——文化场域：医院应提供适合儿童的文化活动和娱乐设施，如图书、玩具、游戏等，让儿童在医院期间能够保持积极的心态。建立起儿童参与决策的有效机制，允许儿童就其治疗体验发表意见，这直接影响儿童的积极参与和体验。

三、家长视角的实践可能

“身”——物理场域：医院应设有方便家长使用的设施，如哺乳室、婴儿车存放处等，以满足家长在医院期间的实际需求。“心”——心理场域：医护人员应关注家长的心理需求，提供支持和安慰，帮助家长应对孩子生病带来的压力。“灵”——文化场域：医院应提供家长亲子活动空间，让家长在陪伴孩子的过程中能够互动共享，增进亲子关系。医院可以开设一些家长会、病友交流会等活动，为家长提供一个交流分享的平台，让他们互相支持和鼓励。

四、医护人员视角的实践可能

“身”——物理场域：医院应提供符合人体工程学的工作环境，保障医护人员在为儿童提供服务时的身体健康和安全。“心”——心理场域：医院应关注医护人员的心理健康，提供心理辅导和支持，帮助他们应对工作压力。“灵”——文化场域：医院应提供专门针对儿童医护的培训和教育，提升医护人员对儿童特殊需求的认识和应对能力。

——童联萌儿童友好联盟

史路引

第 6 章

—

儿童友好公园

引言：儿童友好公园的实践创新

儿童友好公园是指专门为儿童设计和建设的公共绿地，以满足儿童的游玩、休闲、学习等需求。这类公园注重儿童安全、健康、创意等方面，提供丰富多样的游乐设施、自然环境和亲子活动，有利于儿童身心发展和社会交往。儿童友好公园的范围包括但不限于城市公园、社区花园、自然保护区等。

儿童友好公园的实践创新机会，可以在以下几个方面开展。

1. 设计多功能游乐设施：结合儿童的年龄、兴趣和发展需求，设计富有创意、安全、有趣的多功能游乐设施，如攀爬架、滑梯、秋千等。

2. 自然探索区域：设立自然探索区域，如花园、小动物观察区、水生生态池等，使儿童能在自然环境中学习和探索。

3. 亲子活动区：设置亲子活动区，提供亲子共享的游戏、互动、学习等活动，增进家庭成员间的互动与感情。

4. 儿童艺术体验区：设立儿童艺术体验区，如绘画、手工、表演等，激发儿童的艺术潜能和创造力。

5. 安全教育区：设置交通安全教育、火灾安全教育等主题区域，通过实际操作让儿童了解安全知识。

6. 运动设施：提供多样化的运动设施，如篮球场、足球场、攀岩墙等，鼓励儿童参与体育锻炼，培养运动习惯。

7. 文化活动：举办各类文化活动，如亲子阅读、戏剧表演、音乐会等，丰富儿童的精神生活。

8. 环保教育：设置环保教育区，通过垃圾分类、资源回收等活动，提高儿童的环保意识。

9. 智能科技应用：运用智能科技，如 AR、VR 等，为儿童提供更生动有趣的互动体验。

案例 6-1 ｜雅安熊猫绿岛公园：灾后重建的儿童友好型活力乐园

案例推荐｜雅安市、清华同衡园林

图 6-1　雅安熊猫绿岛公园儿童户外活动玩具（图片来源：清华同衡园林）

雅安距四川省会成都仅 115 公里，位于四川盆地西部边缘，是四川盆地平原向青藏高原的过渡地带。雅安是世界上人类发现第一只大熊猫的地方，拥有大熊猫栖息地生态走廊，被誉为“熊猫家园”。多元的自然条件和地域风貌孕育了雅安丰富的生物基因宝库。充沛的降雨量赋予了雅安“雨城”“天漏”的别称。温润多样的自然环境与生动灵秀的人文氛围共同造就了雅安三大特色文化：“雅雨”“雅鱼”“雅女”，并称“雅安三雅”。2013 年 4 月，雅安发生 7.0 级地震，全国上下支援雅安灾后重建，雅安也因此获得了涅槃重生的机会。清华同衡园林组织多专业团队，第一时间参与雅安市灾后重建工作，内容之一便是为雅安市规划建设一座综合性城市公园。

一、项目背景

雅安熊猫绿岛公园位于雅安新城和老城交会处的水中坝岛上。这座小岛南倚周公山，北望青碧山，被周公河和青衣江环抱，有着十分优美的山水环境。岛上现状为菜地，植物种类单一且无养护。如何在完成灾后重建工作的基础之上为雅安创造一个能够切实提升当地人民生活质量的城市公园，成为这一任务中亟待解决的问题。

二、问题与挑战

带着这个问题，设计团队对项目场地及城市开放空间进行了摸底调研，通过观察和分析，发现有以下问题：

1. 公园周围一圈的环岛堤路将小岛围合成盆地，虽保证了全岛的防洪安全，但排水困难、地下水位较高等问题带来场地内涝风险。

2. 市民大众热衷集体性休闲方式，喜爱在户外的树下或棚下喝茶、打牌，并对自身文化的展示有普遍的诉求。可以遮阴避雨的灰空间在雅安非常受欢迎，然而现状此类城市公共空间严重不足。

3. 雅安缺乏适应儿童健康成长的城市开放空间，儿童作为城市的重要群体并未受到足够重视。不断增长的儿童数量和适应儿童需求的城市空间的数量之间存在巨大的差距。

图 6-2　雅安熊猫绿岛公园（图片来源：清华同衡园林）

三、设计策略

1. 生态铺底

利用现状地形特征，通过塑造微地形，打造贯穿全园的“彩石溪”低影响开发系统，不仅能够消纳 20 年一遇日降雨量，还能收集净化雨水，将雨水变为景观的一部分，减少雨水直排对河道的污染。同时丰富的断面形式和植物配植增添了景观的趣味性。

图 6-3　雅安熊猫绿岛公园景观生态环境（图片来源：清华同衡园林）

公园中运用了 130 多种植物配置，种植各类乔木、亚乔木 4000 余株、灌木 9000 余株、地被及湿生植物 70000 多平方米，树种以香樟、水杉、桂花等乡土植物为主，根据功能和视线要求控制植物景观的配置模式，并配以植物科普展示功能。在活动草坪以外的区域多采用自衍花卉和地被植物，以减少养护成本。丰富的植物生境吸引多种鸟类和昆虫前来栖居，改善了全岛的生态环境。

2. 合理布局

全园分为“雅州喷泉广场、户外观演舞台、多功能大草坪、熊猫乐园、亲水栈道和密林石溪”六大功能分区， 由一条 6 米宽、设计有慢跑道的主园路串联起来，满足市民体育健身、亲子活动、休闲放松、亲近自然等需求，配以咖啡厅、小卖部、厕所等丰富的服务设施。

图 6-4 雅安熊猫绿岛公园 活动场景（图片来源：清华同衡园林）

图 6-5 雅安熊猫绿岛公园大型儿童户外活动玩具（图片来源：清华同衡园林）

结合当地传统建筑特征和雅雨文化，设计具有标志性的“彩雨花廊”。彩雨花廊还能高效地将人流导向公园其他区域。夏日纳凉、雨季避雨，独具魅力的廊下空间深受市民的欢迎，市民在廊下自发组织文化休闲活动。

图 6-6　雅安熊猫绿岛公园（图片来源：清华同衡园林）

3. 为儿童设计

熊猫乐园是特意为儿童设计的乐园，是全园最亮眼的区域，占地 2.3 公顷，免费向公众开放。乐园以熊猫、金丝猴、雅鱼等多种雅安特有的珍稀野生动物为主题形象，塑造了各式各样可爱有趣、兼顾艺术性的动物造型的游乐设施。其中熊猫塔是全园的制高点和标志物，也是小朋友最喜欢的组合滑梯。

图 6-7　雅安熊猫绿岛公园（图片来源：清华同衡园林）

熊猫乐园分为 6 大分区，分别模拟了雅安特有的竹林、森林、水潭、丘陵、山峰、河流 6 种生境。从“声” “触” “视” “体能” “方向感”和“平衡感”等方面让孩子得到锻炼。针对不同年龄儿童的身体条件和心理需求，熊猫乐园的空间进行了年龄分区（分为 0 至 3 岁、3 至 6 岁、7 至 12 岁、13 岁或以上几个区域），从智力开发、体能锻炼、心理建设、社交能力等方面促进儿童健康成长。同时，熊猫乐园的设计还充分考虑了儿童监护人对场地的使用需求。在熊猫乐园每个活动设施周围都设置了林下休憩座椅，以方便家长看护与陪伴孩子。乐园中的种植设计采用高大乔木与花卉地被结合的方式，以保证家长看护视线的通畅。

图 6-8 雅安熊猫绿岛公园（图片来源：清华同衡园林）

图 6-9 雅安熊猫绿岛公园（图片来源：清华同衡园林）

公园开园当天有数万人涌入，熊猫乐园更是接纳了不计其数的亲子家庭。家长和孩子们对城市中出现如此高品质的儿童空间而感到兴奋，市长也来探访公园使用情况。

四、结语

雅安熊猫绿岛公园项目以灾后重建为契机，从当地人民生活现状着眼入手，以为儿童设计为核心策略，打造儿童友好型活力公园，在满足了雅安人休闲生活需求的同时，提升儿童在城市中的生活体验。

中国现有约3.6亿儿童，占世界儿童总数的六分之一，其中1.5亿人生活在城市。中国急需改善城市开放空间以适应儿童成长的需求。市民对熊猫绿岛公园的认可让城市决策者意识到儿童对城市空间的强烈需求，并且已着手推进改善儿童生活环境的相关举措。希望这个项目对中国其他城市的规划建设具有积极的借鉴意义。

儿童友好快评 · 案例创新点

1. 生态铺底：通过塑造微地形和建造“彩石溪”低影响开发系统，解决了公园内涝和排水困难的问题。这个系统可以消纳20年一遇日降雨量，并且将雨水净化后融入景观，减少对河道的污染。丰富的植物配植和断面形式增加了景观的趣味性，吸引了多种鸟类和昆虫栖居，改善了全岛的生态环境。

2. 合理布局：公园分为六大功能分区，包括喷泉广场、户外观演舞台、多功能大草坪、熊猫乐园、亲水栈道和密林石溪。主园路连接各个区域，满足市民的体育健身、亲子活动、休闲放松和亲近自然等需求。此外，设计了具有标志性的“彩雨花廊”，结合当地传统建筑特征和雅雨文化，为市民提供遮阴和避雨的空间，成为文化休闲活动的场所。

3. 为儿童设计：熊猫乐园是特意为儿童设计的区域，以雅安特有的珍稀野生动物为主题，塑造了各式各样可爱有趣、兼顾艺术性的游乐设施。乐园分为不同年龄段的区域，从智力开发、体能锻炼、心理建设到社交能力等方面促进儿童的健康成长。同时，熊猫乐园考虑到了儿童监护人的使用需求，设置了林下休憩座椅和保证视线通畅的植物设计。这样的设计满足了当地儿童和家长对高品质儿童空间的需求。

案例 6-2 | “安吉游戏”打造“儿童友好”新名片

案例推荐 | 湖州市安吉县

湖州市安吉县聚焦“儿童友好”，紧扣“浙有善育”跑道，持续深化“安吉游戏”学前教育模式。“安吉游戏”以一场“让游戏点亮儿童的生命”为理念的游戏革命，把游戏的权利彻底还给儿童，使儿童的潜能得到最大程度的发展。“安吉游戏”为儿童成长发展提供更适宜的条件、环境和服务，构建了教育新生态，擦亮了“儿童友好”新名片。

一、聚焦城乡差距构建儿童友好大场景

立足城乡学前教育发展差距，围绕儿童友好城市构建主题，全面做好顶层设计，创新构建“安吉游戏”“市、县、乡镇、村（社区）”一体化管理体系，由湖州市妇儿工委成员单位教育局统管，市、县级部门联管，乡镇（街道）主办、村（社区）协调，形成了“一乡镇一中心园 + 多村教学点”的教育布局，推动了城乡教育资源优质均等化。目前，全市共有市级“安吉游戏”实践园 180 个，小区配套幼儿园公办率 100%，普惠性幼儿园在园幼儿比例 96.4%，有力推进了学前教育的公益性和普惠性，构建了覆盖整个市域范围的儿童友好大场景。

二、聚焦游戏课程保障儿童权利最大化

直面我国学前教育中不能“放手让孩子玩”这道迈不过的坎，湖州市坚持“以游戏为基本活动”的理念，开展反思性实践，为保障儿童的游戏权利

图 6-10 “安吉游戏”实践园（图片来源：“安吉游戏”）

而努力。通过对“游戏理念”的深入研究，生成了一套“自主”游戏的课程体系。在玩具开发上，通过就地取材，开发了安吉积木、滚筒等 150 多种高度适合儿童的游戏结构架、可组合的玩具，为儿童的游戏和学习提供无限可能；在教学内容上，通过幼儿在游戏中自主探究、合作交流，培养幼儿主动学习、乐于交流的优良品性；在教学对象上，教师赋予幼儿自主权，保障游戏时间，自主构建游戏规则；在教学方法上，师生通过改变教育行为，实现教师与儿童共同学习，相互促进的目的。

三、聚焦教育公平促进儿童友好新发展

教育公平不仅体现在优质教育资源的均衡配置上，还体现在教学过程中。当前，“安吉游戏”正在构建“儿童在前，教师在后，儿童和教师共同成长”

的新型师幼关系，让每一名儿童都能真正享受教育公平。游戏场上，孩子们尝试在不同的场地冒险和挑战，进行深度探究和深度学习；教师坚信儿童是有能力的学习者，带着好奇观察儿童的游戏，尽可能地做到最大程度放手和最低程度介入，并尝试理解儿童行为背后的真实意图。游戏后孩子们自主地记录，和教师一对一地交流，并围绕游戏中的各种话题分享讨论，开展共享思维。教师全心倾听幼儿的讲述，忠实记录并作出回放和赋能。“自由”游戏的教学形态，让儿童真正享受无差别地接纳和尊重的教育公平，促进儿童友好新发展。

四、聚焦品牌打造擦亮儿童友好新名片

以“安吉游戏”品牌打造为抓手，以游戏课程准备、幼儿园建设管理规范为切口，发布了《“安吉游戏”市级实践园的考核办法》《幼儿园游戏课程装备建设规范》《美丽乡村幼儿园建设与管理规范》等；以提升师资队伍水平为核心，加大学前教育人才引进力度，关心关爱非在编教师队伍；以“安吉游戏”国内共享、国际推广为目标，成立安吉游戏研究中心，邀请国内外学前教育专家学者参与“安吉游戏”的研究探讨，打造“安吉游戏”学前教育品牌，擦亮“儿童友好”新名片。

2021年起，教育部-联合国儿童教育基金会在31个省（自治区、直辖市）、61个实验区、177个实验园推广“安吉游戏”。全球有138个国家关注“安吉游戏”，其中50个国家的学者和官员前来考察学习，设立了15个海外实践园，“安吉游戏”正在为全球共享儿童友好教育生态贡献中国方案。

儿童友好快评 · 案例创新点

1. 儿童友好大场景：湖州市安吉县聚焦儿童友好，通过构建儿童友好城市和一体化管理体系，实现城乡学前教育资源优质均等化，构建了覆盖整个市域范围的儿童友好大场景。

2. 游戏课程保障儿童权利最大化：通过将游戏作为基本活动的理念，开

展反思性实践，保护儿童的游戏权利。通过自主游戏的课程体系、创新玩具的开发和幼儿在游戏中的自主探究和合作交流，实现儿童的权利最大化。

3. 教育公平促进儿童友好新发展：构建了儿童在前、教师在后、儿童和教师共同成长的新型师幼关系，让每一名儿童都能享受教育公平。教师通过观察儿童的游戏并尽可能地放手和少介入，促进儿童自主学习和分享思维，实现无差别地接纳和尊重的教育公平。

4. 品牌打造擦亮儿童友好新名片：通过以“安吉游戏”品牌为抓手，发布相关标准和规范，提升师资队伍水平，成立研究中心邀请专家学者参与研究，打造“安吉游戏”学前教育品牌，擦亮“儿童友好”的新名片。

儿童视角

我眼里的儿童友好公园

我眼里的儿童友好公园应该有各种各样的游乐设施，让我们可以尽情玩耍。有滑滑梯，有旋转木马，还有蹦床。这些设施不仅有趣，还能帮助我们锻炼身体，让我们变得更健康。

这里应该有大大的草坪，让我们自由奔跑和玩耍。在这里，可以和朋友们一起踢球、追逐。这里绿树成荫，我们可以在树下铺上一张毯子，拿着一本书，享受阅读的乐趣。

这里最好还有一个小型的迷宫，我们可以在里面寻找宝藏和解谜；还有一个水池，可以让我们在炎炎夏日里玩水。

这里应该是一个安全和干净的地方。公园里应该有垃圾桶和标识，让我们学会保持公共场所的整洁和美观。

希望未来我们身边的公园都能够成为这样的地方，让每一个小朋友都能在这里度过美好的时光。

——杭州市余杭区良渚杭行路小学 林境舒 （八岁女孩）

第 7 章

—

儿童友好场馆

引言：儿童友好场馆的实践创新

儿童友好场馆是指为儿童提供一个安全、有趣、富有创意和启发性的环境，使他们能够自由地参与和探索的场所。这类场馆旨在满足儿童各方面的需求，包括社交、认知、情感和身体发展方面，鼓励他们积极参与各种活动，发挥想象力和创造力。儿童友好场馆通常包括博物馆、图书馆、科学中心、艺术中心和其他适合儿童参观的设施。

儿童友好场馆的实践创新机会，可以在以下几个方面开展。

1. 创意设计和互动展览：设计有趣和吸引儿童的展览，鼓励他们参与其中，如科学实验、艺术创作、角色扮演等。

2. 科技整合：利用现代科技，如虚拟现实、增强现实、3D 打印等，为儿童提供新颖的学习和探索体验。

3. 跨学科项目：结合不同学科，如科学、艺术、历史等，为儿童提供更丰富、多样化的学习机会。

4. 社区参与：与当地社区建立合作关系，邀请社区成员参与活动，共同为儿童创造更好的友好环境。

5. 无障碍设施：为有特殊需求的儿童提供无障碍设施和服务，确保所有儿童都能充分参与和享受友好场馆的活动。

6. 绿色和可持续性：采用环保和可持续性的设计和运营方式，提高儿童对环保和发展的可持续性问题的认识。

7. 家庭参与：鼓励家长和其他家庭成员参与儿童活动，提供家庭互动的机会，增强家庭凝聚力。

8. 培训和专业发展：为场馆内的员工提供培训和专业发展机会，确保他们具备与儿童互动和支持儿童发展所需的技能。

9. 评估和改进：定期评估友好场馆的活动和服务水平，确保其满足儿童和家庭的需求，并不断改进和优化。

案例 7-1 ｜上海少年儿童图书馆儿童友好图书馆实践活动

案例推荐｜上海少年儿童图书馆

上海少年儿童图书馆儿童友好图书馆系列实践活动旨在为适龄儿童创造小馆员体验机会，将线下职业体验活动改为线上举行。

儿童友好图书馆系列活动有 3 个内容。

一、守护图书馆：小小管理员在行动

活动内容分两个部分，每部分两个小时，分别是：图书馆知识培训和小小荐书家活动。活动共举办了 6 期，吸引了 60 多名小小管理员参与。

二、童事童议：倾听小小议事员的声音

活动内容分为：《儿童权利公约》、儿童友好培训和小小研究员议事会。

小小议事会主要通过私董会形式，进行有关生活议题的小组讨论。每期 10 名左右的小小议事员轮流饰演案主详细描述自己在学习、生活中遇到的困难。其他小小议事员每人询问案主补充相关信息。通过多轮一问一答，小小议事员们一起帮助案主澄清事实，并且提出了解决的方案。私董会充分体现了平等对话的精神，也锻炼了小小议事员们的表达力、换位思考能力和解决问题的能力。

私董会为小小议事员提供了互相学习和交流的平台，也提供了展示风采的平台。令旁听的家长耳目一新，重新认识孩子的世界。

三、社会服务我争先：小小研究员共努力

活动的内容有：调研的培训与问卷设计、调研报告的撰写方法与总结、小组讨论与小组代表发言、根据调研结果制订行动方案、服务实践的集体展

示与结营仪式。

虽然小小研究员年纪小，但他们都完成了调研报告的撰写，根据调研结果作出了分析。他们不仅严谨地呈现了调研报告的客观数据，还能归纳总结调研结果，基于事实展开主观评论。

1. 小小研究员

将自己的研究成果有效地转化为一封信，写给所代表的人群，还设计了一份打卡任务单和推荐书单。

2. 打卡任务巧设计

其中打卡任务单要求大家将某一本书或几本书分解成不同部分，以规定时间点、制定阅读计划、设计阅读后活动的形式。设计打卡任务，考验了大家对一本书的熟悉程度，同时也让小小研究员们超越“读者”的角色，完成“与潜在的读者对话”。

3. 成果展示有互动

在成果展示的环节中，小朋友们不仅对自己作出了全面的评价，也能够关注、欣赏他人的作品，积极地给予反馈。以下是部分成果展示及活动反馈。

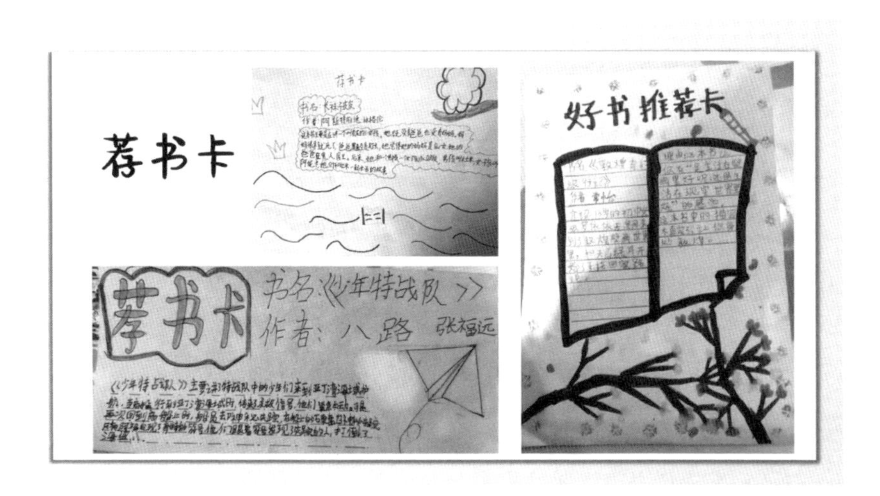

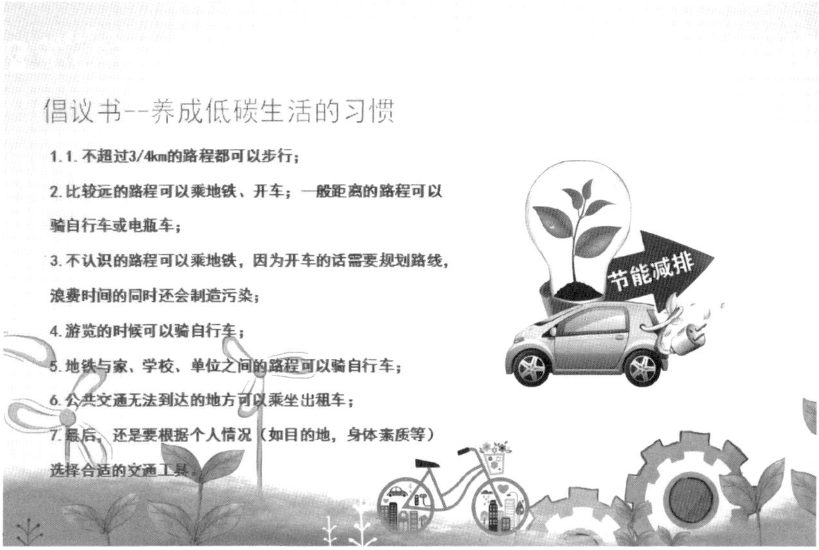

倡议书--养成低碳生活的习惯
1. 1. 不超过3/4km的路程都可以步行；
2. 比较远的路程可以乘地铁、开车；一般距离的路程可以骑自行车或电瓶车；
3. 不认识的路程可以乘地铁，因为开车的话需要规划路线，浪费时间的同时还会制造污染；
4. 游览的时候可以骑自行车；
5. 地铁与家、学校、单位之间的路程可以骑自行车；
6. 公共交通无法到达的地方可以乘坐出租车；
7. 最后，还是要根据个人情况（如目的地，身体素质等）选择合适的交通工具。
节能减排

图 7-1 小小议事员的好书推荐卡和关于绿色出行的倡议书（图片来源：上海少年儿童图书馆）

增加小游戏6%
线下实践
增加时长
可以去线下实践38%
都很好25%
增加时长6%
增加同伴互动6%

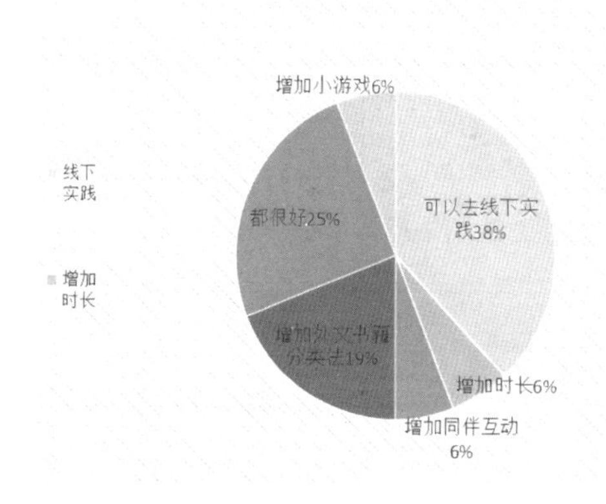

图 7-2 小小管理员对活动的改进意见（图片来源：上海少年儿童图书馆）

儿童友好快评 · 案例创新点

1. 小小管理员的参与：通过图书馆的知识培训活动和小小荐书家活动，吸引了 60 多名小小管理员的参与，让他们在图书馆中担任小馆员角色。

2. 儿童参与决策：通过儿童友好培训和小小研究员议事会，倾听小小议事员的声音，让他们参与对生活议题的讨论和决策，培养他们的表达力、换位思考能力和问题解决能力。

3. 社会服务与研究：通过社会服务活动，包括调研的培训与问卷设计、撰写调研报告、制定行动方案等，培养小小研究员的研究能力和服务意识。

4. 打卡任务与互动展示：设计了打卡任务单，要求小小研究员制定阅读计划和设计阅读后活动，超越读者角色与潜在读者对话。成果展示环节中，小朋友们进行互动评价和反馈，关注和欣赏他人的作品。

案例 7-2 | 瑞安市图书馆：为儿童友好型城市建设注入书香活力

案例推荐 | 瑞安市图书馆

图 7-3　瑞安寓言馆内景（图片来源：瑞安市图书馆）

儿童是祖国的未来，从“一米高度”看城市，散发的是城市的关怀与温暖。2021 年 5 月 31 日，瑞安市在浙江省率先全面启动建设儿童友好型城市，制定并出台《关于建设儿童友好型城市的实施意见》，要求全面建设有特色、可感受的儿童友好城市，努力为全国儿童友好示范城市建设贡献瑞安样本。

瑞安市图书馆作为儿童阅读推广的重要阵地，聚焦“争创全国儿童友好城市示范”目标，锚定“空间友好、资源友好、服务友好”工作方向，加快推进公共阅读空间适儿化建设，以创新赋能儿童友好型阅读服务，满足全龄段儿童阅读需求，为儿童友好型城市建设注入书香活力，全力打造儿童友好型“书香瑞安”。

图 7-4　瑞安寓言馆“走进寓言这个魔袋”活动（图片来源：瑞安市图书馆）

一、传承延续城市文脉，打造儿童友好书香地标

2021 年“六一儿童节”当天，位于瑞安明镜公园内的“瑞安寓言馆”正式开馆，这是瑞安启动建设儿童友好型城市后的首个落地项目，也是浙江省首家寓言主题的城市书房。场馆里设有麋鹿造型的书架、长颈鹿造型的摆设、彩色沙发……走进瑞安寓言馆，“中国寓言”“伊索寓言”“格林童话”三个分类书籍的大型书架上，6000 余册书籍一字排开，寓言文学展示、多媒体交互、图书展示、主题沙龙、文创产品展示等功能区域一应俱全。不少家长带着孩子来到这里阅读寓言故事。

“瑞安是全国首个‘寓言大市’，拥有 8 个寓言文学创作基地，涌现出了一批批优秀的寓言作家。此次寓言馆通过对《小马过河》《海国公主》

等本土寓言故事的内嵌式设计，以生动、立体的卡通形象贯穿城市书房，融入寓教于乐的寓言集卡、集印章以及互动游戏，打造独一无二的寓言童话基地，为儿童带来一份节日礼包。”瑞安市图书馆馆长王晓东表示。

瑞安这个千年古县，自古书香浓郁，小沙巷曾有“比户书声”的振文坊，公园路尚存“书声琅琅”的心兰书社，清代时瑞安就有私家藏书楼数十处，玉海楼更是浙江四大藏书楼之一。

为传承千年文韵，积淀书香文化，瑞安市图书馆新馆于 2021 年 7 月 18 日开工建设，坐落于瑞安市滨海新区美丽的中塘河畔。作为展示儿童友好、打造青春瑞安的形象窗口，该新馆建设工程制订设计方案时，充分考虑少儿读者的需求和儿童元素，在新馆东北角独立划分儿童服务区，建筑面积 6700 多平方米，设计藏书量 80 万册，阅览座位 800 个。

同时，新馆设置了启蒙阅览室、绘本阅览室、儿童借阅室、少年借阅室等阅览区域，并创设数字童创室、儿童活动室、少儿科技和职业体验馆等活动体验空间，建成开放后将为各年龄层少儿读者提供多元化阅读服务，力争打造省内首个儿童友好图书馆样板。

图 7-5 瑞安市图书馆改造后的亲子阅览室（图片来源：瑞安市图书馆）

二、启动适童改造，塑造儿童友好阅读空间

“环境大变样了，墙面、吊顶都是新装修的，桌椅也是全新的，比起之前更加童真童趣，也更加明亮舒适了。”带孩子来瑞安市图书馆一楼儿童阅读区借书的周女士赞叹道。2021 年 10 月，瑞安市图书馆对总馆一楼儿童阅览室、亲子阅览室以及外滩、祥和社区城市书房进行适童化改造提升，打造愉快阅读与趣味空间相结合的儿童阅读空间。

升级后的场馆无论在色彩上还是摆设上，都更加丰富和活泼。宽敞明亮的藏书区、整洁舒适的桌椅，书香四溢，小朋友们可以置身其间，尽情徜徉在知识的海洋中。部分儿童活动区配置了音响、投影仪等多媒体设备，孩子们可以在这里参加读书活动；部分活动区还设置了“云图有声”彩虹听书墙，带给少儿读者数字化的阅读体验。

为了给更多儿童营造舒适欢快的阅览空间，瑞安市图书馆还将以儿童视角不断推动基层服务场馆改造提升，2022 年计划对高楼镇图书分馆、平阳坑镇百姓书屋、林川镇百姓书屋等 5 家基层服务点进行装修改造，加快打造城乡一体的儿童友好公共文化服务体系。瑞安市图书馆计划到 2023 年，基本实现公共文化服务设施儿童友好元素全覆盖，形成 15 分钟儿童友好阅读服务圈。

图 7-6　2021 年“春泥计划”暑期快乐营活动（图片来源：瑞安市图书馆）

三、深耕阅读品牌，营造儿童友好书香氛围

每周六上午，瑞安市图书馆里“小蜜蜂采书蜜”亲子绘本故事准时开讲。十多名 4 至 6 周岁的小读者在家长的陪同下一起聆听绘本故事，还在老师的指导下制作手工。“小蜜蜂采书蜜”亲子绘本故事活动打破传统，从“听”——绘本故事会、“写”——绘本作品创作、“讲”——亲子讲绘本大赛、“演”—绘本剧表演四个方面入手，构建“四位一体”的立体阅读模式，解决儿童难以理解阅读内容、兴趣低等问题，为向多元共融的阅读形式的延伸打下基础。

自 2011 年以来，瑞安市图书馆利用学生暑假时间推出“春泥计划”暑期快乐营活动，不但图书馆免费“带娃”，还让孩子们的假期过得更有意义。该活动每年围绕一个鲜明的主题，开展一系列兴趣培养、非遗体验、阅读推广和技能实践等活动，寓教于乐，激发孩子们的阅读兴趣，培养阅读习惯。

近年来，瑞安市图书馆坚持内容拓展和载体创新，深耕“幸福小书包”“心兰读书会”“少儿方言社”“最忆乡愁”等 10 多项阅读品牌活动。同时，积极探索“图书馆+”模式，联合社会力量为少儿读者精心打造“跟校长一起读书”“书香市集”“图书馆日”等诸多特色活动，并大力推进阅读活动走进偏远乡村学校，在全市营造了崇文尚读的浓厚氛围，让阅读引领儿童健康快乐成长。

儿童友好快评 · 案例创新点

1. 儿童友好书香地标：瑞安寓言馆成为浙江省首家寓言主题城市书房，为儿童营造愉快的阅读体验。

2. 儿童友好图书馆样板：瑞安市图书馆新馆设有儿童服务区，提供多元化的阅读服务。

3. 儿童友好阅读空间：图书馆适儿改造，提供丰富多彩的阅读环境和活动体验空间。

4. 儿童友好阅读服务：举办丰富多样的阅读品牌活动，解决儿童阅读问题并培养阅读兴趣。

5. 儿童友好阅读推广：利用社交媒体和移动图书馆应用开展线上线下的阅读推广活动。

实践观点

与儿童共创儿童友好博物馆的若干建议

儿童友好博物馆是指针对儿童和青少年的特定需求，通过各种手段和措施，提供丰富多彩的文化教育活动和展览，以便儿童和青少年能够更好地了解历史、文化、科学等领域的知识，并且通过这些知识来增强自己的创造力和创新能力。

1. 儿童友好联盟发起人史路引建议儿童友好博物馆的评价标准，可以包括以下几个方面。

（1）展览内容：博物馆的展览内容是否符合儿童的认知水平和兴趣爱好，是否能够激发儿童的学习兴趣和好奇心。

（2）展览方式：博物馆的展览方式是否具有趣味性、互动性和参与性，是否能够吸引儿童的注意力和参与度。

（3）安全保障：博物馆是否能够保障儿童的安全，是否有相关的安全设施和安全措施。

（4）服务水平：博物馆的服务水平是否友好、周到，是否能够满足儿童和家长的需求和要求。

（5）教育价值：博物馆的文化教育价值是否高，是否能够通过展览和活动向儿童传递有价值的知识和体验。

（6）社会影响：博物馆在社会中的影响力和地位是否高，是否能够为儿童和家庭提供有益的文化教育服务。

2. 针对如何与儿童共创儿童友好博物馆，童联萌儿童友好发展中心收集整理了来自儿童、家长和其他利益相关者的反馈，建议可以从以下几个方面进行探索。

（1）建立儿童观察团：可以邀请一些经常参观博物馆的儿童组成儿童观察团，定期与他们交流，听取他们对于博物馆的建议和意见。儿童观察团可以参与展览策划、展品选择、展示方式等方面，帮助博物馆提供更具有儿童特色的展览和服务。

（2）增加儿童参与性：博物馆可以在展览中设置更多的儿童互动环节，

比如儿童制作、游戏、趣味问答等，鼓励儿童积极参与。同时，博物馆还可以制作一些儿童专用的讲解资料，为儿童提供更易懂的参观指南和解说。

（3）培训博物馆工作人员：博物馆工作人员需要接受针对儿童服务的专业培训，了解儿童的心理、需求和特点，掌握与儿童交流和引导的技巧。这样可以更好地为儿童提供服务，提高博物馆的儿童界面友好程度。

（4）建立适童化数字化平台：利用最新技术，博物馆可以建立数字化平台，为儿童提供在线参观和交互体验。比如，博物馆可以制作一些儿童专用的视频资料、互动游戏等，通过网络平台向儿童开放，让他们在家中也能够了解博物馆的展品和文化。

（5）吸纳儿童志愿者：博物馆可以招募一些儿童志愿者参与博物馆的服务和活动中，让他们有机会体验博物馆工作的过程，了解博物馆的运作和管理，同时也能够通过儿童志愿者的反馈和建议来改进博物馆的儿童友好度。

（6）加强与家长和学校的沟通：博物馆可以通过家长会、家长讲座、学校交流等方式，了解家长和学校的需求和意见，可以更好地为儿童提供服务和教育，同时也能够提高家长和学校对博物馆的认知水平和信任度。

（7）创新开展文化教育活动：博物馆可以定期推出针对儿童的文化教育活动，比如儿童讲座、工作坊、亲子活动等，让孩子们在游玩的同时学习和探索文化知识。这些活动不仅可以激发儿童的学习兴趣，还可以增强博物馆与儿童之间的交流和互动。

（8）建立反馈机制：博物馆可以建立一个反馈机制，鼓励儿童和家长对博物馆的展览和服务进行反馈和评价。收集儿童和家长的反馈可以更好地了解他们的需求和意见，及时调整和改进，提高博物馆的儿童界面友好程度。

（9）加强国际交流：博物馆可以借助国际交流的平台，学习和借鉴国外博物馆与儿童合作的经验和做法。通过加强国际交流，博物馆可以更好地了解全球博物馆行业的发展趋势和前沿技术，提高自身的竞争力和吸引力。

（10）建立儿童友好博物馆的认证机制：博物馆可以联合政府、专业机构建立儿童友好博物馆的认证机制，通过一系列评估和认证，为儿童和家长提供更有保障的服务和体验。认证机制可以包括儿童友好展览、儿童参与度、儿童安全保障等方面，通过认证提高博物馆的儿童界面友好程度。

——童联萌儿童友好联盟

儿童视角

我眼里的儿童友好图书馆

我眼里的儿童友好图书馆，有着丰富多彩的书籍。我可以从中找到各种各样的绘本、故事书、科普书和惊险刺激的冒险故事，让我尽情享受阅读的乐趣。儿童友好图书馆还会经常举办各种有趣的活动。

在儿童友好图书馆的角落里，应该有一个专门为小朋友们设计的玩的地方。这里有玩具、拼图、手工艺品等。我可以和我的朋友一起玩耍、交流和分享。

我还希望儿童友好图书馆能为眼睛看不见的小朋友提供有声图书和盲文图书，为残障小朋友提供无障碍设施。这样，每个小朋友都能有平等的机会享受阅读和学习的乐趣。

——杭州市萧山区崇化小学 吴天晨 （八岁男孩）

第8章

—

儿童友好公益事业

引言：儿童友好公益事业的实践创新

儿童友好公益是指关注和支持儿童成长、保护儿童权益、促进儿童福利的公益活动和项目。儿童友好公益旨在为儿童提供一个更加安全、健康、快乐和有利于全面发展的成长环境。

儿童友好公益的实践创新机会，可以在以下几个方面开展。

1. 教育支持：通过创新的教育项目和技术，帮助贫困弱势儿童获得更好的教育机会，如远程教育、在线学习资源、志愿者辅导等。

2. 健康关爱：为儿童提供健康检查、疫苗接种、营养补充等服务，关注儿童身心健康，提高他们的生活质量。

3. 心理援助：设立儿童心理援助热线或网络平台，为儿童提供心理咨询、情感支持等服务，帮助他们应对压力和挑战。

4. 安全教育：开展儿童安全教育活动，提高儿童的安全意识和自我保护能力，如交通安全、防溺水、防火等。

5. 儿童权益倡导：推动儿童权益立法和政策出台，为儿童提供法律保护，维护未成年人权益。

6. 社区参与：鼓励社区居民参与儿童公益活动，关爱邻里儿童，营造友好、和谐的社区环境。

7. 文化体验：组织各类文化、艺术、体育活动，丰富儿童的业余生活，培养他们的兴趣和特长。

8. 创新合作：与企业、社会组织、志愿者等多方合作，共同推动儿童友好公益项目的实施和发展。

9. 信息服务：通过网络平台、媒体宣传等途径，向公众传播儿童福利信息，提高社会对儿童问题的关注度。

10. 项目评估与改进：定期评估儿童友好公益项目的效果，发现问题，及时调整改进，以提高项目质量和效果。

案例 8-1 | 山东荣成妇联打造“社会妈妈”公益名片

案例推荐 | 荣成市

“平时面对面的时候，我总是不好意思说出口，现在，我想借着这个机会，对我的妈妈说句谢谢！”看着小宇写给自己的信，山东威海荣成市人民医院消化内科主任医师高夕英忍不住红了眼眶。

高夕英和小宇的“母女缘分”，开始于 2012 年 5 月，得知小宇父母双亡、经济条件困难后，高夕英主动报名做了小宇的“社会妈妈”，每逢节假日，高夕英都会将小宇接到自己的家里，陪着“女儿”写作业、温习功课，为“女儿”做上一顿可口的饭菜。“她对我的事情总是这样认真，她是把我当成亲生女儿一样对待。”小宇说。

在荣成市，有 8600 多名像高夕英这样的“社会妈妈”。荣成市妇联主席姜春玲告诉中国妇女报全媒体记者，1998 年，荣成市妇联在全市范围内启动了“社会妈妈”虹桥拉手活动，2023 年是这项活动开展的第 25 个年头。据统计，“社会妈妈”累计捐款 1365 万元，资助孤贫儿童 1.1 万多人次，营造了全社会关爱儿童成长的浓厚氛围，为儿童友好城市创建贡献了巾帼力量。

一、儿童友好公益事业创建，传统历久弥新

““社会妈妈”虹桥手拉手活动虽然是我们荣成市妇联的老传统，但在荣成市启动儿童友好城市创建以来，我们将两项工作有机结合，让老传统在新的时代背景下焕发出新活力。”姜春玲介绍。

结合荣成市儿童友好城市创建的相关要求，荣成市妇联将“社会妈妈”虹桥拉手活动作为为儿童办实事、助力儿童友好城市创建的突破口。

日前，市妇联组织了“社会妈妈”代表到儿童友好试点空间——新世纪城市书房，开展以“爱心播种希望 阅读筑梦未来”为主题的“社会妈妈”亲子牵手共读活动。在活动现场，结对儿童的一声“谢谢”、一个拥抱，让在场的不少“社会妈妈”流下了眼泪。而在随后的亲子共读时刻，一篇《少

图 8-1 “社会妈妈”虹桥手拉手活动现场（图片来源：荣成市妇联）

年中国说》激发了孩子努力拼搏、奋发向上的精神力量。在活动中，孩子们不仅收获满满，也感受到了“社会妈妈”给予的亲情关爱。

与此同时，荣成市各级妇女组织也通过微信、电视、报纸等媒介，大力弘扬“社会妈妈”的爱心善举，尤其是对坚持长期跟踪资助的“社会妈妈”，通过对她们的表彰，倡导和呼吁更多的爱心人士加入“社会妈妈”行列，让这个优良传统能延续下去。

二、创新资助模式，精准对接儿童

在原有资助模式的基础上，荣成市妇联也不断探索和创新，除了将特困儿童名单在保护隐私的前提下面向社会招募“社会妈妈”进行认领外，更采取了“1+5”的资助模式，即一个“社会妈妈”可资助多名孤贫儿童，每个儿童每年捐助金额不少于 2500 元，直至该生初中或高中毕业。同时，在保证物质帮扶的基础上，对特困儿童进行常态化精神关爱。“2023 年，共有 38 名特困生被认领。”姜春玲告诉记者。

除此之外，妇联组织作为“虹桥”情系两端，按照方便、满意最大化的原则，为“社会妈妈”和孤贫儿童建立帮扶联系。在发放形式上，采取进学校、进家庭等多种方式，由捐赠方直接将捐款送到受助儿童手中。同时，组织孩子以“讲讲我的小梦想”“参观我的作品展”“我给妈妈写封信”等多种形式，感恩回馈“社会妈妈”的爱心善举。在精神关爱上，播放学哥学姐寄语

图 8-2 “社会妈妈”虹桥手拉手活动现场（图片来源：荣成市妇联）

视频，进行正面激励和引导，让更多的孩子有信心更好地、无忧地完成学业。

荣成市妇联还与团市委联合，发动卫健委、公安局等系统的“社会妈妈”进行捐款，为结对帮扶的特困生捐建希望小屋 3 处，有效改善了他们的居住学习环境。

三、完善激励机制，搭建沟通桥梁

为扩大活动的影响力和知晓度，鼓舞更多社会爱心人士加入“社会妈妈”的队伍，2023 年，荣成市妇联在奖励机制上实现了创新，不仅为参与的“社会妈妈”颁发了捐赠证书，还对 67 名“社会妈妈”授予“爱心助学典范”荣誉称号，并通过市级征信系统进行奖励加分，感恩回馈“社会妈妈”爱心善举。

在帮扶实效上，荣成市各级妇联还为“社会妈妈”和结对儿童架起了连心桥，建立后续帮扶关爱机制，倡导“社会妈妈”给予物质上的资助和精神上的关怀，同时也鼓励受助儿童经常与“社会妈妈”沟通，以此对“社会妈妈”的爱心付出表示感谢。每次活动结束后，荣成市妇联微信公众号都会向全社会公开“社会妈妈”捐资情况，以确保各项内容公开透明。

“‘社会妈妈’虹桥拉手活动已经成为荣成市妇联的一张亮眼名片。”姜春玲告诉记者，“爱是一个城市精神的纽带，爱是文明荣成不变的音符。我们希望与各位“社会妈妈”一起，携手为儿童的未来播撒阳光雨露，共同创建儿童友好城市。”

图 8-3 “社会妈妈”爱心款（图片来源：荣成市妇联）

儿童友好快评 · 案例创新点

1. 创新的资助模式：荣成市妇联采取了“1+5”的资助模式，一个“社会妈妈”可以资助多名孤贫儿童，每个儿童每年捐助金额不少于 2500 元，直至该生初中或高中毕业。同时，对特困儿童进行常态化精神关爱，以满足物质帮扶和精神关爱的双重需求。

2. 发展多样化的帮扶措施：妇联组织通过多种方式建立“社会妈妈”和孤贫儿童之间的帮扶联系，包括进学校、进家庭等形式，直接将捐款送到受助儿童手中。此外，通过组织亲子共读活动、播放学哥学姐寄语视频等方式，提供正面激励和引导，让孩子们有信心更好地完成学业。

3. 完善的激励机制：荣成市妇联创新奖励机制，为参与的“社会妈妈”颁发捐赠证书，授予“爱心助学典范”荣誉称号，并通过市级征信系统进行奖励加分，感恩回馈“社会妈妈”的爱心善举。

4. 透明公开的公众参与：荣成市妇联通过微信公众号向全社会公开“社会妈妈”的捐资情况，确保各项内容公开透明，激发更多社会爱心人士加入“社会妈妈”的队伍，共同为儿童的未来播撒阳光雨露，创建儿童友好城市。

案例 8-2 | 雅安三级儿童早期发展公益服务体系雏形形成

案例推荐 | 雅安市妇联

文章来源：雅安日报 全媒体记者：郑旸

2022 年 6 月 1 日，芦山县发生了 6.1 级地震，雅安市各级儿童早期发展公益服务中心的女娲养育师们，第一时间转移幼儿。随后，中心整合资源，积极思考、主动作为，为婴幼儿及其家庭开展震后心理疏导，缓解因地震带来的焦虑情绪。

一直以来，雅安市高度重视儿童事业发展，千方百计为儿童学习成长创造良好条件。市妇联以家庭养育指导为切入点，在市委组织部、市卫生健康委、雅投公司等领导支持下，在雅安女娲儿童友好公益服务中心为代表的社会各界爱心人士和专家学者积极参与下，建立起雅安市儿童早期发展公益服务体系。

该体系实施至今，各相关部门在队伍建设、资源共享、宣传引导等方面通力配合，在完善服务体系和服务内容上积极探索，为雅安市 0 ~ 3 岁婴幼儿及其家庭提供优质的公益服务，不断满足社会对儿童早期发展公益服务的需求。

这也是在全国范围内形成的首个市、县、乡（村、社区）三级儿童早期发展公益服务体系，有效填补了雅安市 0 ~ 3 岁婴幼儿早期发展教育的空白。

一、因地制宜、科学育儿

在 1400 平方米的雅安市儿童友好公益服务中心内，设置养育中心和培训中心两大功能区，其中包括大型开放活动区、精细益智游戏区、亲子活动教室、儿童阅读区、培训室、访谈室等；开设家庭养育指导课程、亲子阅读课程、自由活动及其他集体活动，通过提供免费科学养育课程和丰富的玩（教）具借阅服务，全面提高儿童认知、语言、运动及社会情感方面的能力，着力解决影响 0 至 3 岁婴幼儿早期发展的关键问题。

市儿童友好公益服务中心试运行当天，孩子们在家长的陪伴和养育师的

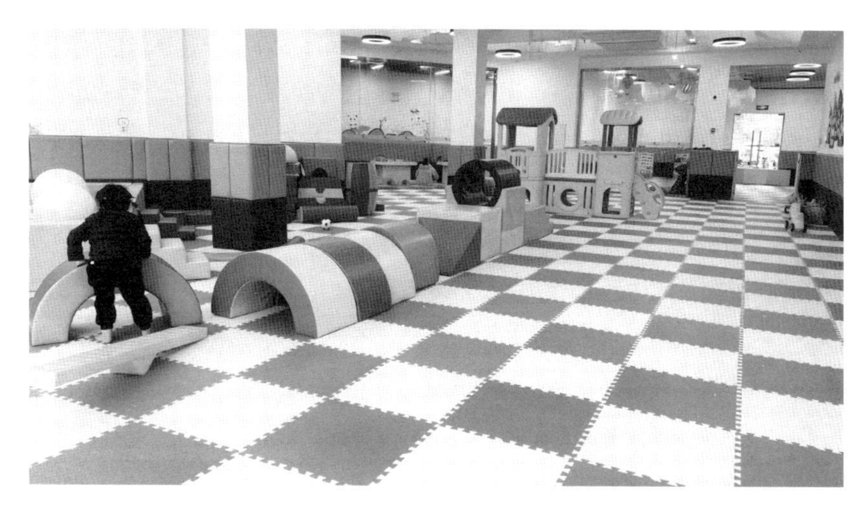

图 8-4　儿童友好公益服务中心内环境（图片来源：雅安市妇联）

监护下，尽情地在中心自由活动区玩耍。同时，通过养育师的讲解，家长学会如何与孩子一起阅读绘本书，享受和谐美好的亲子时光。

市妇联相关负责人介绍，雅安市儿童早期发展公益服务体系实施“千天养育计划”“女娲养育师成长计划”“儿童友好志愿服务计划”三大计划，采取建立中心（服务站）与养育师入户指导相结合的方式，满足群众对婴幼儿照护服务的指导需求，为全市提供公平、可及、有质量的儿童早期发展公益服务提供指导，并推动家庭家教家风建设高质量发展。

图 8-5　儿童友好公益服务中心（图片来源：雅安市妇联）

根据孩子的月龄，针对性地引导家长如何在日常互动中，提高孩子的感知、运动能力……家长通过“千天养育”App 分享育儿心得、上课体会等内容。在一段时间的学习交流后，家长们深切感受到孩子在逻辑思维、语言表达、手脚协调等方面的变化。

据了解，“千天养育”App 里承载养育师培训、在线交流、持续性学习等功能，全方位为体系推广提供线上支撑。

“在一次次的课程中，家长的育儿经验不断丰富，思路更加清晰。”养育师齐成美说，养育师将根据实际情况，利用线下教学和线上教学相结合的方式，帮助家长尽快掌握科学育儿方法。课程还将根据婴幼儿的月龄为家庭量身定制适宜的内容。

图 8-6　儿童友好公益服务中心（图片来源：雅安市妇联）

图 8-7　儿童友好公益服务中心（图片来源：雅安市妇联）

精选活动

重阳节故事会
2020.10.25 10:00

2020年驿河社区 千...
2020.11.07 14:00

推荐课程

第一章 项目背景及架构
为什么儿童早期发展如此重要？我们对提高中国农村儿童早期发展水平...
7117人学过

第二章 儿童早期发展理论

发现

动态

课程

学习进度

我的

图 8-8 “千天养育”App 页面截图（图片来源：雅安市妇联）

三、以点带面、辐射全域

“这是什么？”“这是小鸭子。”

“什么颜色的？”“黄色的。”

“有几只？”“有两只。”

2022 年 5 月 30 日，在芦山县儿童友好公益服务中心，养育师芦敏正在开展养育指导课程，对象是 2 岁 8 个月的小张小朋友和其家长。

从 2022 年 1 月芦山县儿童友好公益服务中心启动至今，小张在家长的陪同下，坚持上课，积极参加中心活动，从最初的胆怯害羞变得活泼开朗。小张的变化，其妈妈看在眼里，喜在心头，“每次上课，孩子一脸兴奋，情绪高涨。在‘一对一’养育课程里，我学到不少科学育儿方法和经验。”

从筹备项目、建成开园到顺利运行，不到半年时间，芦山县儿童友好公益服务中心为 4145 人次 0 ~ 3 岁婴幼儿家庭提供科学儿童早期公益服务，提高婴幼儿家庭科学养育水平，推动儿童友好理念深入人心。其成功经验，为完善市、县、乡（村、社区）三级儿童早期发展公益服务体系奠定了坚实基础。

0 ~ 3 岁是儿童成长和发展的重要时期，开展儿童早期发展服务，可以促进儿童大脑的充分发育，帮助儿童发挥他们的最大潜能。市妇联相关负责人介绍，在乡（村、社区）儿童友好公益服务中心开展儿童早期发展服务，能弥补当地儿童早期教育的短板，为辖区内 0 ~ 3 岁儿童家长传授先进的儿童早期发展理论，提供科学养育指导，既能培养儿童健康的心理、良好的性格，又能为儿童的终身发展奠定基础。

目前，继天全县凤翔社区儿童友好公益服务站投入运行后，雨城区顺路社区、名山区高岗村、汉源县三强村等乡（村、社区）儿童友好公益服务站陆续成为试点。

目前，雅安市已有市级中心及 1 个县级中心、6 个乡（村、社区）服务站投入使用。下一步，雅安市将进一步积极调动社会公益力量，切实抓好人才培育服务工作，提升公益服务效能，形成高质量发展长效机制，完善市、县、乡（村、社区）三级儿童早期发展公益服务体系，依托 659 个“儿童之家”全面覆盖全市 8 个县（区）的 0 ~ 3 岁婴幼儿及其家庭，为雅安 0 ~ 3 岁婴幼儿提供公平、可及、有质量且可持续的儿童早期发展指导。

三、时间轴

2021年9月6日，雅安市儿童早期发展公益服务体系建设项目正式签约，标志着雅安市儿童早期发展公益服务体系建设正式实施。

2021年9月9日，雅安市儿童早期发展公益服务乡村养育师示范培训班结业仪式在市群团中心圆满结业，为之后雅安市儿童早期发展公益服务体系建设打下坚实基础。

2021年10月12日，雅安市村（社区）儿童友好公益服务站首批试点开园仪式在天全县始阳镇凤翔社区成功举行，标志着雅安儿童早期发展公益服务体系建设迈出重要一步。

2022年1月6日，芦山县儿童友好公益服务中心正式开园，这是雅安市首个开园的县级儿童友好公益服务中心。

2022年6月1日，雅安市儿童友好公益服务中心启动试运行。至此，全国首个市、县、乡（村、社区）三级儿童早期发展公益服务体系初现雏形。

儿童友好快评 · 案例创新点

1. 多级合作：雅安市各级儿童早期发展公益服务中心与市妇联、市委组织部、市卫生健康委、雅投公司等多个部门和组织合作，建立起雅安市儿童早期发展公益服务体系，通过多级合作实现资源整合和服务的全面覆盖。

2. 灵活服务模式：在雅安市儿童友好公益服务中心内，设立了养育中心和培训中心等多个功能区，提供多样化的免费科学育儿课程、亲子阅读课程和自由活动等服务。通过灵活的服务模式，满足0～3岁婴幼儿及其家庭的需求，提高儿童的认知、语言、运动和社会情感等能力。

3. 科技支持：通过“千天养育”App提供在线培训、交流和学习功能，帮助养育师和家长获取科学育儿方法和经验。通过科技的支持，实现线上线下相结合的育儿指导，提升家长的育儿能力和孩子的发展水平。

4. 辐射全域：除了中心内的服务，还在各个乡（村、社区）设立儿童友好公益服务站，推动儿童早期发展服务向更广泛的地区延伸，满足更多家庭的需求。这种全域辐射的做法有效填补了当地 0 ～ 3 岁婴幼儿早期发展教育的空白。

5. 长效机制：通过建立完善的市、县、乡（村、社区）三级儿童早期发展公益服务体系和依托“儿童之家”，实现全市范围内的儿童早期发展指导。通过长效机制的建立，为雅安市 0 ～ 3 岁婴幼儿提供公平、可及、有质量且可持续的儿童早期发展服务。

实践观点

儿童友好社会组织发展正当其时

儿童友好社会组织是指致力于推动儿童利益保护、提高儿童生活质量、促进儿童全面发展的非营利组织或机构。这些组织通过开展各种活动和项目，为儿童提供支持、服务和保障，创造一个对儿童友善的社会环境。

目前已有的以儿童为主要服务对象的社会组织，其参与儿童友好城市建设，存在以下的现实情况。

一、优势

1. 丰富的经验和资源：社会组织在儿童关爱和保护方面有着丰富的经验和资源，并且能够通过自身的渠道和网络获取更多的支持。

2. 强大的社会影响力：社会组织具有较高的社会认同度和影响力，可以通过广泛的社会参与，引起社会各界的关注和支持。

3. 灵活和创新的方式：社会组织通常比政府机构更灵活和创新，可以通过开展各种形式的公益活动和公益项目，为儿童和家庭创造更多的参与与互动的机会。

二、劣势

1. 资金和人力不足：社会组织通常面临资金和人力不足的困境，这可能限制了它们参与儿童友好城市建设的规模和范围。

2. 同质化竞争：社会组织在儿童关爱和保护方面的数量越来越多，同质化竞争越来越激烈，如何在竞争中脱颖而出是一个需要面对的问题。

3. 管理能力不足：社会组织通常缺乏专业的管理团队和管理经验，这可能局限了它们更规范化、科学化地运营和管理。

三、机会

1. 儿童友好城市建设的重要性不断提升：随着人们对儿童成长和发展的关注增加，儿童友好城市建设的需求也越来越高，这为社会组织参与儿童友好城市建设提供了更多的机会。

2. 地方政府支持力度加强：地方政府注重儿童友好城市建设，为社会组织提供更多的政策和经济支持，提高了其参与的可行性。

四、困境

1. 政策和环境的不确定性：政策和环境的不确定性可能影响社会组织参与儿童友好城市建设的稳定性和可预测性。

2. 社会经济环境的变化：社会经济环境的变化可能会对社会组织参与儿童友好城市建设带来不利影响，如经济下行、社会不稳定等。

五、建议

在儿童友好城市建设的大背景下，建议有志于儿童友好事业的社会组织在这几个方面做思考和实践。

1. 发起儿童权益保障项目，协助地方政府完善儿童保障政策和体系，推动儿童关爱服务和公共服务设施的建设。

2. 开展各种形式的公益活动，如科普教育、文艺演出、亲子活动等，为儿童和家庭创造一个公共参与、互动交流和学习成长的平台。

3. 提供儿童关爱服务，如儿童心理服务、医疗服务、教育辅导等，为儿童提供全方位的关怀和帮助。

4. 积极倡导儿童权益保障和儿童生活环境改善的意识和理念，在社会各界中推广儿童友好城市和儿童友好社会的建设理念。

——童联萌儿童友好联盟 杜红梅

第 9 章

—

儿童友好参与

引言：儿童友好参与的实践创新

儿童友好参与是指在各种社会活动和决策过程中，充分关注儿童的意见和需求，让儿童有机会参与决策、表达自己的观点，并尊重和采纳儿童的意见。儿童友好参与旨在促进儿童的自主性发展，培养儿童的自尊心、自信心和社会责任感。

儿童友好参与的实践创新可以在以下几个方面开展。

1. 儿童议事会 / 儿童观察团：设立儿童议事会、儿童观察团或其他类似组织，让儿童有机会参与讨论过程，就学校、社区和政策等问题发表意见。

2. 儿童参与项目：开展各类儿童参与项目，如环保、公共艺术、社区服务等，让儿童亲身参与社会实践，增强他们的责任感和公民意识。

3. 儿童论坛：举办儿童论坛或座谈会，邀请儿童就他们关心的问题发表意见，为决策者提供参考。

4. 儿童调查：开展针对儿童的调查研究，了解他们的需求和期望，为政策制定和项目设计提供依据。

5. 教育活动：通过课程、讲座、研讨会等形式，提高儿童的参与意识和能力，培养他们的批判性思维和沟通技巧。

6. 儿童媒体：鼓励儿童参与媒体制作，如报纸、杂志、广播、视频等，让他们发声、表达观点。

7. 网络平台：利用网络平台和社交媒体，为儿童提供表达和交流的空间，让他们更方便地参与讨论和决策。

8. 跨界合作：与企业、社会组织、学校等多方合作，共同推动儿童参与的项目和活动。

9. 评估与反馈：对儿童参与的项目和活动进行评估，收集儿童的反馈意见，及时调整和改进。

10. 倡导儿童权利：强化对儿童权利的倡导，提高社会对儿童参与的重视，为儿童创造更多参与机会。

案例 9-1 ｜佛山市四步“适童”议事工作法，助推儿童友好社区建设

案例推荐｜佛山市南海区

一、服务简介

丹灶镇融爱有为儿童空间是从 2017 年起由南海区妇联、丹灶镇妇联以及新农社区妇联联合打造的儿童活动园地。以一群孩子的想法、做法激发一个社区的儿童服务理念，重点培育儿童（“豆丁观察员”）社区治理意识和能力，引导他们从自己的视角和需要出发，为创建儿童友好社区建言献策，并带动其家人等多元主体协力解决社区问题。

多年来，丹灶镇融爱有为儿童空间不断坚持“适童化”理念，探索儿童服务、儿童议事等儿童参与的方式方法，逐步搭建儿童参与社区治理的儿童社会实践平台，探索出一套四步“适童”议事工作法和一套分层分类的“适童”儿童议事程序，有效地激发儿童参与社区治理的积极性。

图 9-1　丹灶镇融爱有为儿童空间——“小豆丁有作为”训练营之小队长换届选拔会（图片来源：南海区妇联）

图 9-2 豆丁观察员换届选拔会（图片来源：南海区妇联）

二、服务探索

1. 选择议题要“适童”

儿童议事需要有具体明确的议题。丹灶镇融爱有为儿童空间以“建议收集—议题初筛—确定议题”为做好适童化议事的第一步，着重围绕“豆丁观察员”团队发展和社区中心工作，日常收集豆丁团队的需求和居民反馈的问题，根据儿童心理发展的特点，初步挑选出能与儿童成长生活息息相关的或能提升儿童社会化能力发展的议题，引导儿童关心社区事务，培养儿童的社会责任感。

图 9-3 团队议题（图片来源：南海区妇联）

如针对居民反馈的街巷、闲置地杂物堆放等问题，围绕社区中心工作初步提出“人居环境整治”的议题。精选符合儿童认知特点和与社区相关联的绿色绘本；运用提问式技巧带领孩子代入绘本角色，共探故事发展总结环境问题；对照社区背景反思现实中的同类现状，引起儿童共鸣；激励他们有意识关心社区事务，培养儿童小主人翁精神。

2. 议事语言要“适童”

儿童议事能力不是一蹴而就的，掌握一些与议题相关的知识和社区调研技能是儿童议事的基础，而且在议事过程中如何用儿童的视角与语言表达是关键，因此丹灶镇融爱有为儿童空间以“学习知识—制定标准—排查乡村—采访居民”的思路，引导他们在充分了解社区后，用自己的语言进行议事。如围绕“人居环境整治”的议题，丹灶镇融爱有为儿童空间注重适童化的培育活动，把难懂的社区调研技巧转化成朗朗上口儿童漫步口诀；带领“豆丁观察员”从儿童视角出发制定干净整洁乡村环境标准，据此进行乡村环境排查和居民意见采访，比较做得好和做得不好的地方；在环境排查中注重角色分工，赋权行动，不断提升儿童参与社区治理认同感，落实责任行动。

3. 议事程序要“适童”

儿童议事区别于成人议事，议事的过程需要更注重吸引儿童的兴趣和注意力，让他们专注投入不跑题。因此在议事形式上，丹灶镇融爱有为儿童空间团队以“汇总分类—思考策略—图表呈现”的思路，根据不同年龄层的儿童认知特点，探索出不同形式的议事程序，如：

低年级：绘本共探式议事——跟着绘本发展总结策略；

中年级：游戏探索式议事——游戏探索要点分析策略；

高年级：图表提案式议事——运用各类套表创作策略。

如围绕“人居环境整治”议题，丹灶镇融爱有为儿童空间团队带领“豆丁观察员”开展多期议事小论坛。汇总环境排查数据，分析问题原因。针对不同类别问题来设定不同板块的解决方向，用头脑风暴的方法设计不同的行动策略；鼓励高年级的儿童利用鱼骨图、T形图等图表产出行动议案；强化锻炼儿童参与社区议事和提案表达的技能。

图 9-4　儿童议事会活动（图片来源：南海区妇联）

图表提案式议事

运用各类套表
创作策略
（适合高年级）

游戏探索式议事

游戏探索要点
分析策略
（适合中年级）

绘本共探式议事

跟着绘本发展
总结策略
（适合低年级）

图 9-5 儿童议事会活动（图片来源：南海区妇联）

4. 议事行动要“适童”

在儿童议事后，大家根据议事结果制订行动方案，以“筛选议案—分流分工”的思路，将儿童可以独立开展的议案交由儿童主导，带领儿童根据议案推动问题解决。例如，带领“豆丁观察员”协助编制一些可视化的文创：如环境海报、智善乡约等，运用入户宣传和墙绘宣传等大众喜闻乐见的宣传形式，拓宽传播途径，让环境整治内容深入人心，倡导居民形成合力，自觉维护乡村环境，推动儿童友好社区的建设。另外，将儿童无法独立开展的议案交由社区主导，并联动多元主体调配资源、解决问题。例如：针对门前屋后和闲置地杂物堆放情况，联动经济社开展劝导工作，并在村落宣传栏进行曝光制造舆论压力，让村民自觉清理杂物；对于大件建筑垃圾的堆放情况，推动社区介入，并链接第三方公司进行清理。

由此，在社区党委带领下，通过动员多元主体力量，成功让12户“环境钉子户”自行清理了闲置地和街巷杂物、拆除违建雨棚，助力美丽乡村建设。

三、服务成效

在多年的实践探索中，丹灶镇融爱有为儿童空间探索出一些服务模式：

1. 探索出四步“适童”议事工作法，激发儿童参与积极性，有效助推儿童友好城市建设的模式。

第一步：选择议题适童；

第二步：议事语言适童；

第三步：议事程序适童；

第四步：议事行动适童。

2. 探索出一套分层分类的儿童议事程序。

低年级：绘本共探式议事；

中年级：游戏探索式议事；

高年级：图表提案式议事。

图 9-6 儿童整理社区（图片来源：南海区妇联）

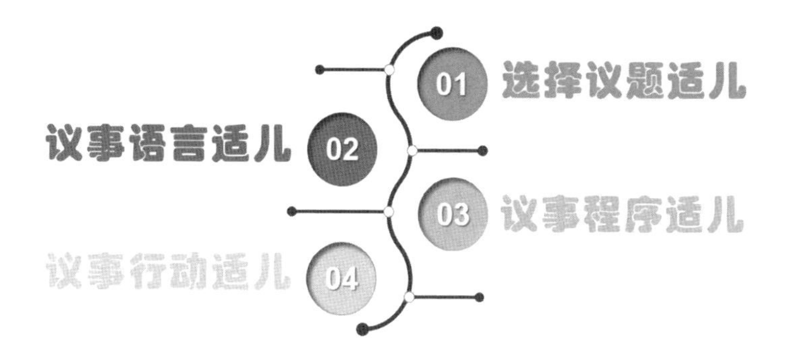

图 9-7 议事模式图（图片来源：南海区妇联）

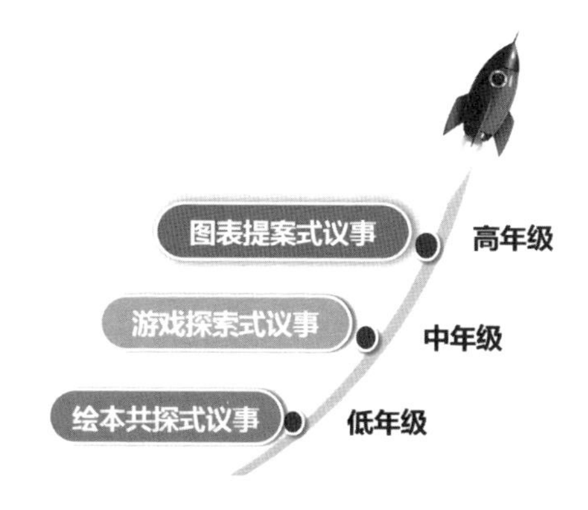

图 9-8 议事模式图（图片来源：南海区妇联）

儿童友好快评 · 案例创新点

1. 儿童参与社区治理：丹灶镇融爱有为儿童空间通过培育儿童的社区治理意识和能力，引导他们从儿童视角和需要出发，参与创建儿童友好社区并解决社区问题。

2. “适童化”议事模式：该空间采用了适合儿童的议事方式，包括选择适合儿童的议题、使用适合儿童的语言和制定适合儿童的议事程序。这种模式能够激发儿童的参与积极性，并帮助他们更好地表达自己的观点和需求。

3. 分层分类的儿童议事程序：根据不同年龄层儿童的认知特点，丹灶镇融爱有为儿童空间设计了不同形式的议事程序，如绘本共探式议事、游戏探索式议事和图表提案式议事。这样的分类能够吸引儿童的兴趣和注意力，使他们更专注地参与议事活动。

4. 儿童主导的议事行动：在议事后，儿童被赋予了独立开展议案的责任，并带领其他儿童推动问题的解决。同时，儿童与社区主体和其他多元主体进行协作，共同调配资源解决问题，实现儿童友好社区的建设。

5. 儿童参与的成效：通过多年的实践，丹灶镇融爱有为儿童空间成功探索出适儿化议事工作法，并取得了积极成效。儿童的参与推动了儿童友好城市的建设，帮助解决了社区问题，并促进了儿童的社会责任感和参与意识的培养。

案例 9-2 | "小孩说话也管用"交通安全儿童提案

案例推荐 | 梅赛德斯 – 奔驰星愿基金

交通安全，安全出行，小孩说话管不管用？换言之，孩子在交通出行领域作为参与者之一，是否有表达需求和愿望的机会？是否有被采纳相关建设性意见的可能性？

图 9-9 "安全童行"（图片来源：梅赛德斯 - 奔驰星愿基金）

儿童友好联盟 CCFU 认为，加强少年儿童自身在各领域里的参与权、建议权，是儿童友好的重要指标之一，也是儿童友好中国实践的重要行动之一。

本案例来自公安部道路交通安全研究中心指导，北京交通广播电台和“听听 FM”协办，中国青少年发展基金会、中国少年儿童新闻出版总社主办，梅赛德斯 - 奔驰星愿基金提供公益支持的首届“小孩说话也管用”交通安全与文明儿童线上畅谈会。

自 2021 年 5 月起，主办方面向全国 6 ～ 12 岁的少年儿童发起“小孩说话也管用”交通安全儿童提案征集。

活动引导少年儿童针对交通行为、交通宣传、交通设施、交通畅想等方面提出自己的观察、想法和建议，帮助少年儿童在实践中“知危险、会避险”，培养他们的交通安全意识和社会责任感，为改善道路交通安全环境作出少年儿童的贡献。活动共收到 1000 余份儿童提案，其中 40 份提案获得全国最佳提案。经过遴选，12 名少年儿童代表在“小孩说话也管用”交通安全与文明儿童线上畅谈会上展示了自己精彩提案。

公安部道路交通安全研究中心宣教室副主任丛浩哲，著名教育专家、知心姐姐卢勤，城市规划与旅游专家吴丽云以及公安部道路交通安全研究中心宣教室顾问李晶、天津的交警袁锴警官、杭州的交警谢晓颖警官与孩子们展开“大人与小孩”的直接对话，共同探讨和碰撞提案的可能性，并携手发起“文明出行倡议”。

1. 火眼金睛洞察“交通行为”

孩子们提出的“上下学学校门口出现交通拥堵、不安全交通行为”的问题占比 27%，成为最热话题。

而“行人不遵守交规，闯红灯，不安全过马路”以及“电动自行车骑行者（例如外卖小哥等）的不安全骑行行为”成为紧随其后的重要问题。

2. “交通宣传”小专家有话说

孩子们期待“通过多种多样的形式来普及交通安全教育知识”，此类提案占比高达 49%。

他们希望通过交通安全小课堂、交通安全动画片、交通安全小游戏、VR

技术、交通安全宣传画、有奖问答等丰富的形式获得知识。

孩子们也非常期待作为“小小交通安全志愿者”“交通安全小辅警”等身份参与教育活动。

3. 脑洞大开畅想未来交通

“设计空中交通，发明海陆空都可行驶的交通工具”和“开发智能汽车，实现无人驾驶”两类设想占比最高，分别为 28% 和 13%。

集中体现孩子们对于智能解决交通拥堵、出行安全和节能环保的美好愿望。

4. 交通设施我来设计

孩子们提出的“智能优化交通信号灯，重视校园周边的红绿灯问题”占比 27%，成为他们最关注的话题。

孩子们建议通过“调整交通信号灯的时间、增设避免行人闯红灯的辅助设施”等，来改善行人、车辆闯红灯现象。

“通过增加和优化交通信号灯的语音提示作用”来解决特殊人群（老幼病残）过马路的安全需求。

在智能装备、道路建设方面，孩子们也创意多多。

例如：针对盲人设计智能语音手杖；

针对外卖小哥，设计蓝牙智能头盔，解决骑行中看手机的问题；

针对校园门口的安全隐患，提出设置“学生专用步行道”的建议等。

学生专用步道

北京东交民巷小学“小专家”杜同学说：3.5 米宽的小胡同，却有小轿车、电动车、摩托车、自行车穿行，上下学时段，非常不安全。

我建议，上下学时，隔离出学生专用步行道，学生走在步行道，车辆走在行车道，这样互不相干扰，为我们营造一条安全的上学路。

我想要一条黄色斑马线

成都市龙江路小学中粮祥云分校“小专家”马同学说：因为交通标识不够醒目，我时常会遭遇车辆抢行、车速过快通过的危险。我建议改变斑马线颜色来解决这一问题。在安全色中，黄色除了非常醒目外，还有警示与注意的含义，我们的小黄帽和校车就是黄色的。

由此，在学校、幼儿园附近应设立醒目的黄色斑马线，让司机师傅在较远处就可以注意从而减速慢行。

乘车“安全岛”

成都市龙江路小学祥云分校“小专家”索同学说：“换乘公交车是我上下学必不可少的环节，但是，每次换乘都需要穿越非机动车道才能上车，我的上下学路总要小心翼翼。”其建议：设立乘车“安全岛”，分离乘客与车辆，营造更安全的出行环境。

图 9-10　交通设施设计（图片来源：“小孩说话也管用”畅谈会）

儿童友好快评 · 案例创新点

1．儿童参与权和建议权：该活动强调加强少年儿童在交通安全领域的参与权和建议权，让他们有机会表达自己的需求和愿望，并有可能被采纳相关建设性意见。这是儿童友好的重要指标，也是促进儿童友好社会的行动之一。

2．多样化的交通安全宣传形式：孩子们提出了通过多种多样的形式来普及交通安全教育知识的期望，如交通安全小课堂、交通安全动画片、交通安全小游戏、VR 技术、交通安全宣传画和有奖问答等。这种多样化的宣传形式可以更好地吸引儿童的兴趣和注意力，提高他们对交通安全知识的接受度。

3．孩子们对交通设施的设计建议：孩子们提出了一些创新的交通设施设计建议，如智能优化交通信号灯、增设避免行人闯红灯的辅助设施、增加交通信号灯的语音提示功能等。他们还提出了一些针对特定群体的设计建议，如针对盲人设计智能语音手杖和针对外卖小哥设计蓝牙智能头盔等。这些建议体现了孩子们对交通安全和便利性的关注，并展示了他们的创新思维和社会责任感。

案例 9-3 ｜广州“小脚丫”家庭志愿服务队和孩子们打出的“爆米花指数”

案例推荐｜广州市

为建设儿童友好城市，母乳爱志愿服务队孵化成立了广州“小脚丫”家庭志愿服务队，通过孩子们的“小脚丫”日常打卡、脚步丈量、亲身体验等活动，发挥他们的“小喇叭”传播功能，不断挖掘、宣传广州“儿童友好城市”的建设成果；通过孩子们的视角观察和发现儿童的真实需求，发挥他们 “小主人”的参与作用，为广州建设儿童友好城市建言献策，合力推动儿童友好城市建设全面落地生根、开花结果。

早在 1996 年，广州就启动了“羊城小市长”活动，开创了儿童参与城市建设之先河。第一届“羊城小市长”苏韵现场展示了自己 25 年前为广州

图 9-11 “广州小脚丫家庭志愿服务队成立暨公共场所母婴室建设成果发布”活动现场
（图片来源：广州市妇联）

提意见的手稿，分享了当年他们那一代儿童的故事。当时为了呼吁减少汽车尾气排放，跟老师站在天桥上一个个数路过的汽车，观察汽车排放的是白色、黑色还是黄色尾气。

现在很多“小市长”的提议已经变成了现实，苏韵自己的两个孩子也加入了广州“小脚丫”家庭志愿服务队。

在广州“小脚丫”家庭志愿服务队成立现场，有来自 2021 年广州“十大文明家庭”的 5 岁女孩小张、连续 3 年参与公共母婴室评估的 9 岁小志愿者聪聪，有长居广州的外籍家庭儿童露娜，也有坐着轮椅的残障儿童小蔡。现场，小蔡同学提出：“将来可以在公交车上安装一个电动接驳轮椅的装置，这样我就可以自己操作，不用麻烦司机叔叔了！”这个温暖的提议直击人心。

与此同时，小志愿者们还共同发起了“小脚丫爆米花指数”，测评广州城市儿童友好温度。这个由孩子们自发组织评测的“小脚丫爆米花指数”，将伴随广州儿童友好城市建设行动的节奏一一为市民呈现属于儿童眼中广州的美好与不足。通过“指数”发声，儿童为友好的广州点赞、为更美好的广州建言献策。

图 9-12　广州小脚丫家庭志愿服务活动之一
（图片来源：广州市妇联）

图 9-13　广州小脚丫家庭志愿服务队活动之二
（图片来源：广州市妇联）

作为广州“小脚丫”家庭志愿服务队出发履职的第一站，在母乳爱资深志愿者的带领下，小志愿者们根据《广州市母乳喂养促进条例》相关要求，全方位评测了广州市儿童公园母婴室，打出了自己的第一个“爆米花指数”。

儿童友好快评 · 案例创新点

1. 广州“小脚丫”家庭志愿服务队：通过孩子们的参与和亲身体验，发挥他们的传播功能，宣传广州“儿童友好城市”建设成果。孩子们从儿童的视角观察和发现真实需求，为广州建设儿童友好城市提供建言献策，推动城市建设全面落地生根。

2. “羊城小市长”活动：自1996年启动，开创了儿童参与城市建设的先河。该活动展示了过去儿童提出的意见和建议，并分享了现实中实现的提议。这种儿童参与机制的持续存在，为广州的儿童友好城市建设提供了持续的推动力。

3. “小脚丫爆米花指数”：由小志愿者自发组织的评测活动，用于测评广州城市儿童友好温度。通过这个指数，儿童能够发声，点赞友好的广州，并提出建议以建设更美好的城市。

案例 9-4 | “童镜——鹿童剧场镜像共情”以戏剧演艺探索儿童的心里话

一、实践背景

《未成年人保护法》规定，监护人要提供未成年人生活、健康、安全的保障，也要关注其生理、心理状况和情感需求。家庭环境中经常出现父母和孩子的矛盾与冲突。很多孩子在很小的时候就出现了叛逆、抑郁等负面情绪，如果这些负面情绪不能得到很好的疏导，就可能导致悲剧发生。这些负面情绪大多源于父母和子女彼此间的不理解，家长习惯了严格甚至苛刻地要求孩子，而孩子也是独立、有尊严的个体，需要智慧的呵护。关于这些未成年人心理健康的知识，家长缺少获取的渠道。为此，昆山市民政局联合昆山市乐仁公益发展中心发起“童镜—鹿童剧场镜像共情项目”，通过儿童的剧场演绎和表达，呈现家庭互动的现实场景，直观展示儿童心目中的家长形象，触发家长反思家庭教育理念和亲子关系，唤醒尊重未成年人的家庭意识，倡导理解未成年人的家庭环境和社会环境。

二、实践过程

1. “鹿童剧团”打造儿童戏剧

在前期的未成年人心声问卷调研中，研究者发现“总是拿我和其他小孩作比较”及“总是误解我”是未成年人普遍关注的亲子互动议题。在研究者收集到的反馈中，除了看到未成年人们的童真、可爱，更多的是能感知到很多孩子在家庭互动中的纠结、无奈、不舍。因此“鹿童剧团”希望以戏剧的方式，展示亲子互动中的问题，以启发家长去思考，从而改善自己的和孩子的关系。

通过招募海选，与昆山本地学校共同打造的两支“鹿童剧团”，均以展现家庭亲子互动中未成年人的心理活动为使命，通过戏剧演艺探索儿童的心里话。“鹿童剧团”不仅是儿童课后参与的兴趣社，更是一个彼此倾诉的小天地。社工和剧团导师共同为团员们营造更有安全感的氛围，让每个剧团成员敞开心扉、互相接纳。在分享中，研究者发现有的成员自己时常不被家人理解，期待通过剧团影响父母；也有的成员认为大人很难改变，认为自己的父母不会被影响。这些真实情感的流露，正体现了未成年人受尊重、被理解的需求，过多的挫折导致部分未成年人不奢求身边重要人的改变，这更凸显了儿童剧团的价值——表达未成年人心声，唤醒尊重未成年人的家庭意识，倡导理解未成年人的社会环境。

2. “秘密树洞”让儿童吐露心声

剧目演绎的素材从哪里来？成员们以“秘密树洞”的形式，收集了同龄人的心声。在“秘密树洞”里，很多未成年人提到，不管自己已经认真学习了多久，只要稍作休息都会被家长误解、责骂，家长仿佛看不到自己的努力，但凡想解释几句，家长还会训斥自己不该顶嘴。

“秘密树洞”如镜子般具象地展示出广大未成年人的家庭互动模式和亲子关系现状，将难以言说的个体心声，转为公开呈现的大众议题，让公众在文字中与未成年人感同身受。有相同经验的未成年人也能在“秘密树洞”中感受陪伴与支持，学习到可能改善亲子互动的方式。

3. “镜像共情”剧目在互动和碰撞中诞生

戏剧源于生活，以场景重现让观众达到镜像共情。戏剧高于生活，以夸张的演绎形式，让观众重新审视那些在生活中被忽视的细节。区别于常规的戏剧表演以人物情节引导儿童的性格培养，“鹿童剧团”更注重剧团成员的自我表达和展示，由剧团成员主导剧情的发展，演绎属于他们自己的故事。这个过程中，成员们共同努力推动剧本的诞生，社工和剧团导师只承担协助的角色。

一开始的剧目来自生活情景的再现和模仿，有的成员要讲述弟弟妹妹的调皮，有的成员认为要看到被父母施加的压力，有的成员认为要展现闺蜜暖心的陪伴。在生活化的情景模拟中，大家衍生出更多肢体语言的解读，也更加理解家庭中不同人物的心理变化。生活中，妈妈常常既要工作又要照顾家人，有时候爸爸说“给你买好吃的”就是他的一种道歉方式，自己虽然总是要和父母对着干但仍然很爱爸爸妈妈。成员们演绎自身经历的过程，也是自我认知成长蝶变的挑战和突破。

成员们根据时间、场景、人物、关系等创作要素，通过头脑风暴，根据“经常被家人作比较”“经常被家人误解”两大主题设计剧情大纲。这两个剧目或源于剧团成员自己的家庭故事，或源于剧团成员采访的同伴故事，真实的情感让剧团成员对表演格外重视，在排练过程中不断优化内容，在剧目中更生动地演绎出自己及其他未成年人的心声与处境，促进家长反思，触发家长改变，使公众更理解未成年人的世界，达成儿童剧团的使命。

三、实践成果

1. 心路——“我希望你能理解我”

“妈妈快看，这是我画的英雄！”“你的英雄只有两个，一个是 985，一个是 211！”喜欢画画的潘潘原本是个活泼开朗的小女孩，可随着学业压力越来越重，妈妈不希望潘潘再在其他事情上浪费时间。母女间的误解，让家中的氛围紧张起来，潘潘给妈妈留了一封信，解开母女的心结。一段平常的家常小事，给儿童表达诉求的机会，让家长思考家庭教育方式的选择，儿童所期待的是好好地沟通、更多的私人空间以及更多的信任。

2. 你与我——“我不希望被比较”

“这样做还不是为你好！”“比较！比较！天天就知道比较！”参加剧团活动回家晚的舟舟，又一次因为成绩下滑，在饭桌上被妈妈拿来和弟弟妹妹作比较。妈妈的一顿脾气，让舟舟难过、愤怒又害怕。在一家人的帮助下，舟舟发现妈妈也有和自己相似的童年经历，只是作为成年人的妈妈忘记了自己也曾经是个孩子。儿童以戏剧表演，希望唤起与成年人的共鸣。父母蹲下来去观察孩子，聆听孩子的心声，和孩子一起成长，爱和陪伴才让我们都变成更好的自己。

儿童并没有我们想象得那么简单，他们有着强大的想象力和感受力，内心也蕴藏着丰富的正面和负面的情绪。参与权是儿童享受的重要权利之一，他们有权参与家庭和社会生活，并就影响他们生活的事项发表意见，成年人也应该尊重未成年人的看法。戏剧表达是一种形式，让儿童的心声在参与中得到释放，这两支由儿童自主创作的剧本是他们的真情流露，在剧目中表达出他们想对大人说的话。关注儿童心理健康，倾听儿童的情感世界，昆山乐仁在不断探索新的途径和方式，给予儿童更多表达空间。

儿童友好快评 · 案例创新点

1. 以戏剧表达亲子互动问题：通过创建儿童戏剧团体“鹿童剧团”，以戏剧的形式展示家庭亲子互动中的问题和挑战。这种创新方式能够引起家长的思考，并改善他们与孩子之间的关系。

2. 通过“秘密树洞”收集心声：项目成员创建了“秘密树洞”，收集同龄人的心声和体验，特别是在家庭互动中感到被误解和比较的情况。这种匿名收集的方式让儿童感到安全，同时让公众更好地理解未成年人的困境和需求。

3. 儿童自主创作剧本：剧团成员自主创作剧本，通过头脑风暴和情景模拟，表达自己的经历和情感。这种创作方式使他们更深入地了解自己和家庭成员的心理变化，促进了个人认知和成长。

4. 唤醒家长反思和改变：剧团演出的剧目通过夸张的演艺形式，让观众重新审视家庭中被忽视的细节。这种方式能够触发家长的反思，激励他们改变家庭教育方式，更好地理解和尊重未成年人的世界。

案例 9-5 ｜“大手拉小手”——多元共建、生态教育主题下的小学校园景观更新活动

案例推荐｜南京林业大学风景园林学院、方兴小学、南京市生态环境保护宣传教育中心、米立方开放创意实验室

图 9-14　方兴小学“大手小手、你我童行”活动（图片来源：南京林业大学风景园林学院）

一、聚焦多元参与，形成社会合力，共同推进中国特色儿童友好城市建设

活动以“大手小手、你我童行”为主题，家长、大学生志愿者、教师与社会工作者等多重社会力量共同参与，整合社会资源、形成社会合力，从而

推进儿童友好城市建设。在儿童全过程参与前提下，大学生志愿者举行讲座进行知识引领并辅助设计、建造，家长提供后勤支持，教师则承担起项目设计、课程创生、活动组织与学习评价等工作，童心同行，共同呵护儿童的身心成长过程。有学校老师评价道："在专家的指导、家长的帮助、孩子们的感染下，教学上难以实现的目标成了可能。"营建团队还在开放创意实验室老师们的协助下，利用"搭接式榫卯结构"对小花园营建框架进行外形设计，形成高低错落的空间组合结构。通过多元参与，有效整合社会资源并进行效能的良性循环，彰显中国和谐社会传统，更好适应区域之间发展不平衡情况，推进有中国特色的儿童友好城市建设。

图 9-15　方兴小学"大手小手、你我童行"活动（图片来源：南京林业大学风景园林学院）

二、重视项目式学习模式与儿童全过程参与，提供生态文明教育新思路

从池塘生态科普的前期知识准备与池塘诗韵的人文陶冶，到设计草图、工程分析、财务计算与安全监督等流程的一步步推进，活动以工程思维引领、儿童沉浸式参与的项目式学习模式，将自然教育与人文教育深刻贯穿其中。作为自然教育的倡导者，南京市生态环境保护宣传教育中心的戴虹老师也参与其中，让活动成为一节生动有趣的自然课堂。戴虹老师认为，少年时期是给孩子播撒“绿色种子”的最佳时期。“脱离了传统课堂的活动课程，以儿童全过程参与的方式启发学生在自然中发现美和创造美，无疑是生态文明教育的最佳实现方式”。活动中儿童充分发挥想象力进行自由创作，在技术与知识的支持下进行理性思考，通过积极探索来培养动手能力与团队协作意识，以废弃物再利用的生态方式最终完成了池塘的营建。在此次营建活动结束一年后，对参与的 196 名儿童发放了问卷进行成果评价。问卷显示，在 160 个样本中，52.5% 的儿童喜欢合作营建的环节，46.25% 的儿童在小池塘建成的一年里仍然经常闲暇时过去玩耍，并主动对池塘生态进行养护。在回答项目流程顺序相关问题时，65% 的儿童交出了完美答卷。而最终数据显示近乎所有儿童都从活动中体悟到保护自然的重要性，这无疑也为此次活动画上了圆满的句号。活动在保障儿童参与的前提下，搭建儿童参与的工作平台，建立儿童需求从表达到落实的全过程机制，不知不觉间完成了儿童美育、德育与劳动教育，增强儿童生态文明意识与文化自信，为自然及人文教育提供了新的思路。

三、关注儿童视角下景观营造，打造校园生态景观新典范

小学校园景观作为教育场所的景观设计，更多打造为老师及学生提供休憩与娱乐的活动场所，较为关注空间的交往性、安全性以及景观的自然与人文性，但是常常忽略景观空间的尺度感对于儿童视角是否合适。建造活动引入“1 米高度看城市”儿童视角，将完整池塘体系打造成微型校园景观，从儿童身心角度出发，满足儿童观赏与活动需求，并强调景观的参与性和可持

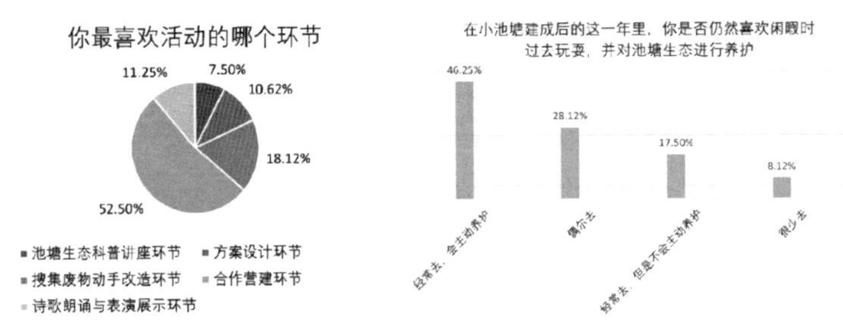

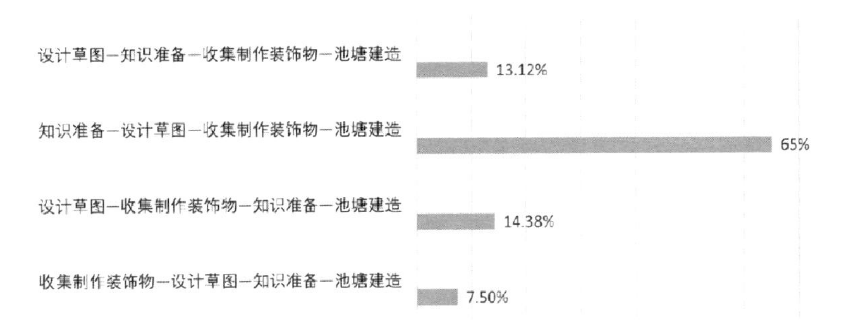

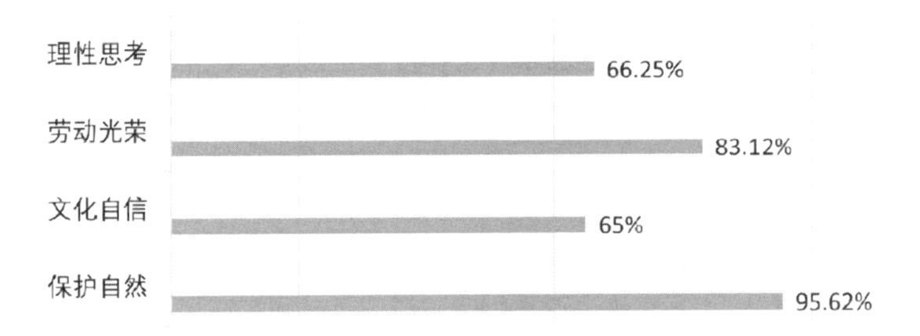

图 9-16 方兴小学活动项目调查表（图片来源：南京林业大学风景园林学院）

续性，真正打造儿童友好的校园景观。小池塘建成后，孩子们兴奋的趴在这为他们量身定做的童话世界旁感慨：池塘虽小，里面却充满了大学问！

四、利用共建优势，以点及面发挥儿童友好城市建设示范引领作用

由于地区间发展水平不一等因素，中国未能形成完善的儿童友好城市建设体系，因而我国对于儿童友好空间的探索多为自下而上的自治行为。南京

图 9-17　校园景观儿童观赏活动（图片来源：南京林业大学风景园林学院）

作为中国经济社会发展水平较高地区，具有充足的社会资源和良好的效能循环性。活动利用地区多元共建优势，探索高校与小学合作进行儿童友好项目的运营，从与儿童关系最为密切的校园空间出发进行试点与创新，形成儿童友好城市建设的中国经验。作为南京市的一个示范点，本次校园景观更新活动向外辐射带动了南京市城市、街道与社区三个层面对于儿童友好空间的新思考，为儿童友好城市建设发挥了示范引领作用。

图 9-18　校园景观（图片来源：南京林业大学风景园林学院）

儿童友好快评 · 案例创新点

1. 多元参与和社会合力：通过整合多重社会力量，包括家长、大学生志愿者、教师和社会工作者等，形成社会合力来推进儿童友好城市建设。不同角色的参与者各司其职，共同呵护儿童的身心成长过程，形成了多元参与和社会资源的有效整合。

2. 项目式学习和儿童全过程参与：采用项目式学习模式，以工程思维引领，并鼓励儿童在整个过程中全面参与。从前期知识准备到设计、建造、财务计算和安全监督等流程，儿童通过实际参与和沉浸式学习，培养了动手能力、团队协作思维和理性思考能力。这种项目式学习模式为儿童提供了生态文明教育的新思路。

3. 关注儿童视角下的景观营造：在校园景观设计中，注重从儿童视角出发，打造合适的校园生态景观。通过引入"1 米高度看城市"的儿童视角，将池塘打造成微型校园景观，满足儿童的观赏和活动需求。这种关注儿童视角的景观设计可以为儿童提供更适合他们的环境，打造真正的儿童友好校园景观。

实践观点

建议采用儿童观察团来替代儿童议事会开展儿童友好参与

随着社会的进步和人们对儿童权益的重视，越来越多的地方开始尝试儿童友好参与的方式，旨在让儿童能够参与社会事务的讨论和决策，表达自己的声音和意见。以往儿童议事会被广泛应用，近年来，一种新的参与模式——儿童观察团在浙江被推广应用，也逐渐受到全国关注。

相比传统的儿童议事会，为什么我们建议各地采用儿童观察团来开展儿童友好参与呢？

第一，儿童观察团能够提供更全面的参与机会。儿童议事会通常由一小部分儿童代表组成，他们被选举或委任来参与决策过程。然而，这种方式可能存在一些问题，比如代表儿童的能力和意见的多样性。相比之下，儿童观察团是一个更加开放和包容的模式。它可以包括更多的儿童，允许他们作为观察者参与讨论，观察并了解决策制定的全过程。这样，更多的儿童有机会参与，并从中获得有关社会问题和决策过程的知识和经验。

第二，儿童观察团能够增强儿童的学习和发展。儿童是社会的一部分，他们也应该有权利了解和参与社会事务。通过参与儿童观察团，他们可以观察和学习决策制定的过程和原理。他们也可以了解社会问题的复杂性和多样性，培养批判思维和解决问题的能力。此外，儿童观察团还为儿童提供了展示自己观点和能力的机会，促进他们自信心和自主性的发展。

第三，儿童观察团能够促进儿童与成年人的互动和对话。在传统的儿童议事会中，儿童代表和成年人决策者之间的互动可能存在一定的障碍。有些儿童可能感到压力或不自在，不敢充分表达自己的意见。而儿童观察团则提供了一个更加平等和开放的环境，儿童可以与成年人更自由、更广泛地对话和互动。成年人可以倾听儿童的声音，了解他们的需求和关切，从而更好地制定决策和政策，使其更符合儿童的实际情况和利益。

第四，儿童观察团能够促进社会对儿童权益的关注和重视。儿童观察团的存在可以提醒社会各界关注儿童的权益和需求。当儿童以观察者的身份参与决策过程时，他们能够向社会传递关于儿童问题的信息和观点，引起公众的关注和思考。这有助于推动社会的关注焦点转向儿童领域，为儿童的发展和福祉争取更多的支持和资源。

儿童观察团作为儿童友好参与的一种新型模式，相较于儿童议事会更加贴近儿童的实际需求和成长特点。它强调儿童的自主性和能动性，提供更多的参与和表达的机会，更符合儿童权益保障和发展的需要。因此，建议采用儿童观察团来替代儿童议事会开展儿童友好参与。同时，应当注意儿童观察团的实践和推广需要一定的资源和能力支持，对于社会组织和政府机构来说，应积极支持和倡导儿童观察团的发展和实践。

——童联萌儿童友好联盟

第 10 章

—

儿童友好企业

引言：儿童友好企业的实践创新

儿童友好企业是指在其经营活动中关注和保障儿童权益，为儿童提供安全、健康、友好的产品和服务，同时也关注员工家庭中的儿童福利，以及通过企业社会责任项目为社区儿童创造更好生活条件的企业。这类企业不仅关注自身经济效益，还将儿童发展和福利纳入社会主义核心价值观，为儿童创造更美好的未来。

儿童友好企业的实践创新，可以在以下几个方面开展。

1. 灵活的工作时间和工作安排：企业可以通过提供灵活的工作时间和远程办公选择来帮助员工平衡工作和家庭生活。这可以降低员工的压力，提高工作满意度，并有助于留住有孩子的员工。

2. 设立儿童友好设施：企业可以在办公场所设立儿童友好设施，如托儿所、哺乳室等，方便员工照顾孩子。这可以提高员工的满意度和效率。

3. 员工培训和教育：企业可以提供专门针对父母的培训课程，如育儿课程、家庭教育等，帮助员工更好地平衡工作和家庭生活。

4. 弹性福利政策：企业可以提供弹性的福利政策，如带薪产假和陪产假、育儿假等，让员工有足够的时间陪伴家庭，照顾孩子。

5. 促进家庭参与：企业可以组织家庭活动，如亲子活动、家庭日等，让员工的家人参与到企业文化中来，增强员工的归属感。

6. 儿童友好产品和服务：企业可以开发和推广儿童友好的产品和服务，如儿童保险、儿童教育等，关注员工家庭的需求，提高企业的社会责任感。

7. 支持员工志愿服务：企业可以支持员工参与儿童公益事业，如支持员工参加儿童教育、儿童保健等志愿服务活动，提高员工的社会责任感和企业形象。

8. 建立家庭友好企业文化：企业可以通过内部沟通、员工活动等方式，强调家庭对员工的重要性，提倡员工关爱家庭、平衡工作和家庭生活的价值观。

9. 合作与联盟：企业可以与其他儿童友好企业或机构建立合作关系，共享资源、经验和最佳实践，共同推动儿童友好企业实践的发展。

10. 持续改进和创新：企业应不断学习和借鉴其他儿童友好企业的成功经验，根据自身情况进行改进和创新，持续提升儿童友好企业实践的水平。

案例 10-1 | 认养一头牛："五好牛奶"标准下的儿童友好牛奶

案例推荐 | 城童 URKIDS

图 10-1 “五好奶牛”（图片来源：认养一头牛）

一、养好牛，做好奶 让孩子喝得放心

因为想让中国孩子都能喝上放心的牛奶、奶粉，公司创始人徐晓波先生走过 7 个国家 100 多个牧场。2014 年徐晓波建立首座认养一头牛现代化牧场；认真养了两年牛后，2016 年“认养一头牛”品牌应运而生。“认养一头牛”的奶牛们吃得好、住得好、出身好、心情好、工作好，被称为“五好奶牛”，这些标准直接影响着原奶的产量和品质。

为解决小朋友喝牛奶后会出现肚子不舒服的情况，“认养一头牛”推出了 A2 β - 酪蛋白儿童奶，它的配方只有生牛乳，而且拥有更好的蛋白，对肠胃更友好，更容易吸收。

为解决妈妈们对奶粉安全问题的担心，“认养一头牛”推出了棒棒哒儿童成长奶粉，坚持“清洁配料表”，拒绝白砂糖、奶油、食用香精等添加剂。

图 10-2　获得年度专业儿童奶粉奖（图片来源：认养一头牛）

棒棒哒成长奶粉登上过天猫儿童奶粉榜单 Top1，曾获得年度专业儿童奶粉奖。

为了让小朋友喜欢喝牛奶，认养一头牛儿童奶系列产品力求符合孩子的饮奶习惯：200ml 的小容量，1 次刚好喝完；弧形圆角的包装，让小朋友拿得更稳更轻松；憨态可掬的小牛形象，也呵护他们的童心。

2022 年，“认养一头牛”获准使用“中国学生饮用奶标志”，把优质好喝的牛奶带到了校园。

图 10-3　儿童奶系列宣传图片（图片来源：认养一头牛）

二、访牧场，喂奶牛 让孩子玩得开心

“认养一头牛”每年都会邀请全国各地的小朋友到牧场参观研学，让孩子们获得更多接触大自然的机会。平均每年会有 3 ~ 9 批小游客，从城市来到牧场，亲手喂喂奶牛，看看牛奶的诞生过程，在成长的记忆中留下牧草和土地的清香。2023 年，“认养一头牛”启动“城市牧场计划”，把牧场直接搬进城市。首个城市牧场 4 月初在杭州开放，“认养一头牛”将牧场里的小牛们搬进杭州野生动物园，小朋友们直接去家门口的城市牧场就可以和奶牛互动，当一回“养牛人”，让大小朋友们都直呼好玩过瘾。在城市牧场，通过各项互动游戏，孩子们在玩耍中就能掌握关于奶牛的科普知识，了解一杯好牛奶的诞生。还有小朋友看着这些可爱的小牛，和妈妈保证：以后一定要好好喝牛奶，不能浪费。

“认养一头牛”重视消费者体验，持续创新互动方式。消费者可以通过牧场参观、奶牛喂养、牛奶品鉴等进行溯源，“认养一头牛”也通过深度调研、生日惊喜、高管客服等不断连接用户，和用户一同前行。

图 10-4 城市牧场计划（图片来源：认养一头牛）

三、解疑惑，学知识 让父母育儿省心

“认养一头牛”用心理解中国父母在育儿方面的困扰，在提供健康营养的牛奶之外，通过培训员工和邀请专家，为用户提供育儿知识和育儿故事。“认养一头牛”为公司员工提供育儿相关专业培训，更科学准确地解决父母育儿过程中倾诉烦恼和学习知识的需求。“认养一头牛”在官方平台开辟“用户故事”专栏，让父母有机会讲述自己的带娃历程和育儿经验。

图 10-5 “用户故事”专栏（图片来源：“认养一头牛”）

儿童友好快评 · 案例创新点

1. “五好奶牛”养殖标准：“认养一头牛”注重牛的生活条件，将其养得好、吃得好、住得好、出身好、心情好，被称为“五好奶牛”。这种标准直接影响着牛奶的产量和品质，确保生产的牛奶符合高质量和安全的标准。

2. 儿童友好设计：“认养一头牛”的儿童奶系列产品力求符合孩子的饮奶习惯。产品采用小容量（200 毫升），刚好一次喝完；包装采用弧形圆角设计，小朋友拿得更稳更轻松；可爱的小牛形象吸引孩子们的注意力，守护他们的童心。

3. 牧场参观和互动："认养一头牛"每年邀请全国各地的小朋友参观研学牧场，让孩子们亲手喂养奶牛，目睹牛奶的产生过程。

4. 用户体验和连接："认养一头牛"注重消费者体验，通过牧场参观、奶牛喂养、牛奶品鉴等方式进行产品溯源。

5. 育儿知识和支持："认养一头牛"通过培训员工和邀请专家，为用户提供育儿知识和育儿故事。公司员工接受育儿相关专业培训，能够更好地解决父母在育儿过程中的问题和需求。

案例 10-2 | 某西北风味餐厅：专业儿童餐领域的长期主义实践

案例推荐 | 城童 URKIDS

图 10-6　该企业专业儿童餐亲子活动（图片来源：该企业官网）

该企业于2017年打出“家有宝贝，就吃西贝”的口号，并开始发展“家庭友好餐厅”战略，小朋友已经成为西贝的重点目标顾客。

2023年2月，西贝方面表示，未来将不断加码“专业儿童餐”系列工作，围绕零售化、外卖化、环保化、有机化、分龄化五个方向对西贝专业儿童餐产品进行不断深化与提升。

该企业的儿童友好实践，具体在五个方面可圈可点。

一、创新——儿童餐研发

该企业秉承创新精神，成立了独立的儿童餐研发团队。这个团队由20位富有创造力的大厨组成，与中国营养学会注册营养师展开深度合作，致力于开发适合1～12岁儿童的全新菜品。他们不仅考虑到家长的理性需求，还注重满足孩子的感性需求，以确保菜品既符合儿童的口味要求，又具有营养均衡。

二、优质——儿童餐食材采供

该企业以提供优质食材为己任，特别注重儿童餐的食材选择。他们充分利用自有的食材供应优势，只选用优质产区的顶级食材，以呵护孩子的消化系统。

三、营养——儿童餐保障

该企业专注于为儿童餐提供营养保障。他们选用优质的蛋白质原材料，如新鲜虾、高品质牛肉和草原奶酪，并搭配多种蔬菜制作菜品，为孩子们提供更加丰富、营养全面的饮食。

四、创意——儿童餐菜单

该企业推出了充满创意的“儿童探索菜单”，以激发孩子们的好奇心和学习兴趣。菜单采用绘本形式设计，以孩子们更易理解的方式呈现。每个菜品都配有对应的食材图示、拼音、英文和汉字，帮助孩子们认识不同的食材，丰富他们的知识。

五、温馨——儿童餐服务

该企业在儿童餐服务方面提供温馨周到的服务，让孩子和家长都感到宾至如归。如：为孩子提供专属餐具，选用食品级硅胶材质，确保用餐安全；提供儿童可涂鸦的餐垫纸，让孩子在等餐时发挥创造力；减少孩子们的等待时间；提供一客一用的宝宝围兜，保持孩子们用餐的整洁；举办亲子面点制作活动，让孩子们与家长一起体验传统手工制作各种面点。

通过上述创新举措，西贝为儿童餐打造了全新形象，致力于为孩子们提供专业、美味且充满惊喜的餐饮体验。

儿童友好快评 · 案例创新点

参与儿童友好对企业商业价值的回报，一直都难以直观概括和统计。在近几年的商业化运营中，西贝全面拥抱并践行儿童友好战略，从儿童的角度出发不断完善自身商业思维，并通过尊重儿童体验的设计调整商品和服务。

该企业通过一系列创新举措，致力于提供专业、美味且充满惊喜的儿童餐体验。他们成立了独立的儿童餐研发团队，与专业营养师合作，关注儿童的口味和营养需求。在食材采购上，他们选择优质食材，并注重孩子的消化系统健康。营养方面，他们注重蛋白质和蔬菜的搭配，提供全面营养的饮食。此外，创意的儿童菜单和温馨的服务也为孩子和家长提供了愉快的用餐体验。这些努力和改进带来了显著的商业成果，儿童餐的营收和外卖销售均有大幅增长。西贝的儿童友好战略在商业运营中得到了成功的体现。

目前来看，该企业在专业儿童餐领域的长期实践，为企业带来了显著的商业成果。2022 年 6 月，西贝在传统儿童餐基础上正式发布专业儿童餐，以儿童餐为突破口，强化家庭友好餐厅定位。疫情之下，该企业儿童餐业务实现逆势大幅增长。儿童餐产品在外卖销售中，更是后来居上，8 月份即跃居外卖产品销售榜第一名。2023 年五一期间，该企业全国门店儿童餐销量超过 47 万份，门店儿童客流将近 20 万人次。

实践观点

关注儿童和家庭需求，积极加入儿童友好企业创建行列

创建儿童友好企业对企业、儿童和家庭都具有重要的意义。

对企业而言，儿童友好企业形象的树立有助于提高企业的社会责任感和公众认可度。通过为儿童和家庭提供优质的产品和服务，企业能够赢得更多消费者的信任和忠诚度。此外，儿童友好企业还可以获得口碑和品牌形象，从而增加市场竞争力。

然而，创建儿童友好企业也面临一些困难和挑战。最重要的是对资源和成本的需求。儿童友好企业需要投入大量的资源用于产品研发、服务改善和员工培训等方面，以满足儿童和家庭的需求。这对于一些规模较小的企业来说可能存在一定的压力。

尽管创建儿童友好企业存在一些困难，但也带来了许多机遇。首先，儿童市场潜力巨大。儿童和家庭作为庞大的消费群体，他们的消费能力和需求正在不断增长。儿童友好企业可以通过提供符合儿童需求的产品和服务，开拓这一庞大的市场，实现良好的经济效益。其次，儿童友好企业具有社会影响力。通过关注儿童和家庭的需求，企业能够塑造积极的社会形象，树立良好的企业品牌。这不仅有助于吸引更多消费者和合作伙伴，还能够获得政府和社会的认可和支持。儿童友好企业还能够更有机会培养未来的消费者和忠诚用户。通过提供优质的产品和服务，企业可以建立起与儿童和家庭的紧密联系，使他们成为长期的消费者和品牌忠诚者。

创建儿童友好企业是一个具有重要意义和广阔机遇的行动。虽然面临一些困难和挑战，但通过关注儿童和家庭的需求，企业能够树立良好的社会形象，获得市场竞争优势，并为儿童和家庭提供更好的产品和服务。

——儿童友好联盟 CCFU 联合发起人 杨烁

致谢

本书的出版得到“童联萌儿童友好联盟”微信公众号（原“儿童友好联盟”微信公众号）的大力支持，特此感谢！

“聚力儿童友好中国实践，助力儿童友好多元参与”是“童联萌儿童友好联盟”的口号。“童联萌儿童友好联盟”微信公众号由城童儿童友好战略顾问品牌和童联萌儿童友好发展中心联合主办，是儿童友好决策者、研究者和践行者的首选知识平台之一。

公众号现已形成三大品牌性栏目：一是儿童友好中国实践栏目，发布儿童友好领域有创新性和可复制性的实践案例；二是儿童友好城市快讯栏目，关注儿童友好城市建设的最新动态和重要政策；三是儿童友好城市译本栏目，将国外儿童友好领域成果进行编译推介，同时也将国内儿童友好领域成果向国外平台传播。

“童联萌儿童友好联盟”将继续致力于打造国内外知名的“儿童友好跨界融合平台”，做好儿童友好理念推广、儿童友好战略顾问和儿童友好创新实践，以助力儿童友好城市建设、儿童友好产业发展和儿童友好生活营造，为中国儿童创造更美好的未来。

参考文献

[1] 温州市鹿城区妇联 . 温州市鹿城区打造三大基础场景加快推进儿童友好城市建设 [EB/OL].(2022-09-06)[2022-10-15]. https://mp.weixin.qq.com/s/B6kY3SrX5SGdRzCtKXuuPw.

[2] 杭州市上城区妇联 . 儿童友好街区怎么建？南星让孩子们成为“小主人”[EB/OL].(2022-08-16)[2022-08-17]. https://mp.weixin.qq.com/s/3P4qflonA89Akv8VCh3XhA.

[3] 深圳市福田区妇联 . 慕了慕了！看这个街区如何“花式宠娃”[EB/OL].(2022-11-23)[2022-12-15]. https://mp.weixin.qq.com/s/U80svG2zOapg5b8SvDvDzA.

[4] 杭州市上城区民政局 . 上城 4 个！杭州市首批儿童友好社区名单公布！[EB/OL].(2022-12-26)[2022-12-27]. https://mp.weixin.qq.com/s/N9bqX4tNy5tppen71thQlw.

[5] 杭州市萧山区妇联 . 萧山儿童友好乡村建设如何助力共富实践，一起来看看 [EB/OL].(2022-12-03)[2022-12-10]. https://mp.weixin.qq.com/s/w80XRwq_2duva4MryGJjUA.

[6] 吴满纯，秦金金 . 打造“以儿童为中心”的韧性社区发展共同体——贵州省铜仁市碧江区正光街道社会工作和志愿服务站 [EB/OL].(2022-07-19)[2022-10-15]. https://mp.weixin.qq.com/s/ttW1906yjfi0EK3VUB121Q.

[7] 阴姗姗 . 哇！这里有一所建在农场里的校园——“Panda”农场开园啦！[EB/OL].(2021-05-18)[2021-07-10]. https://mp.weixin.qq.com/s/ICAhfHOTmIh_R9DmlvJW6Q.

[8] 深圳市南山区妇联 . 深圳市儿童友好学校——深中南山创新学校 [EB/OL].(2022-01-17)[2022-04-19]. https://mp.weixin.qq.com/s/9qorYrTEs4ZnozyYlYjX3g.

[9] 姑苏公安 . 一校多方聚力共治，打造儿童保护型友好交通 [EB/OL].(2021-11-07)[2022-04-05]. https://mp.weixin.qq.com/s/fnjba295Y_gKMIQSKXL7Xw.

[10] 深圳市罗湖区 . 深圳首座儿童友好型彩虹天桥完工 [EB/OL].(2020-06-02)

[2021-01-19]. https://mp.weixin.qq.com/s/rWuQiFTNPRUZGL5oDmM5rQ.
[11] 杭州市西湖区妇联 .“医”路“童”行——家门口的儿童友好医院初具雏形 [EB/OL].(2023-05-17)[2023-05-18]. https://mp.weixin.qq.com/s/RSmZCOKTYY2xuXnbIM33fg.
[12] 雅安市妇联，清华同衡园林 . 雅安熊猫绿岛公园：灾后重建的儿童友好性活力乐园 [EB/OL].(2021-12-06)[2021-12-15]. https://mp.weixin.qq.com/s/1LZQ5zoqpbyX3UDcJKXGQg.
[12] 湖州市妇联 .“安吉游戏”构建教育生态 擦亮“儿童友好”新名片 [EB/OL].(2023-02-21)[2023-03-15]. https://mp.weixin.qq.com/s/LS7mYqlRfvgEQPJ1V4cb1w.
[13] 上海少年儿童图书馆 . 儿童友好图书馆系列活动报道 [EB/OL].(2022-03-28)[2023-06-15]. https://mp.weixin.qq.com/s/QziEDW7PZEKRwJMqXRH_ew.
[14] 瑞安市图书馆 . 瑞安市图书馆：为儿童友好城市建设注入书香活力 [EB/OL].(2022-05-26)[2022-06-11]. https://mp.weixin.qq.com/s/_4k7fPgX-Leeb8r08pk1Tg.
[15] 中国妇女报 . 汇聚 8600 份母爱 照亮孤贫儿童人生——山东荣成妇联打造“社会妈妈”公益名片 [EB/OL].(2022-06-20)[2022-07-11]. https://mp.weixin.qq.com/s/Rgp5_t1szZzi3axWvnRjjg.
[16] 雅安日报郑旸 . 全国首个市、县、乡（村、社区）三级儿童早期发展公益服务体系正式在雅安试点运行 [EB/OL].(2022-06-01)[2022-06-02]. https://mp.weixin.qq.com/s/TDjSYPxIYFn4u_MosDS6TA.
[17] 佛山市南海区妇联 .“儿童议事会”持续赋权？一群孩子带动整个社区 [EB/OL].(2022-08-23)[2022-08-24]. https://mp.weixin.qq.com/s/Sp06XK2JAfirFyS1LauzXw.
[18] 佛山市妇联 . 广州“小脚丫”家庭志愿服务队成立！孩子们打出第一个“爆米花指数”[EB/OL].(2021-12-05)[2021-12-15]. https://mp.weixin.qq.com/s/9-H2aWl84YFI0N2p9I4RWw.

图书在版编目（CIP）数据

儿童友好中国实践案例．第一辑 / 史路引主编．--
上海：同济大学出版社，2023.11
（为儿童设计）
ISBN 978-7-5765-0978-6

Ⅰ．①儿… Ⅱ．①史… Ⅲ．①城市规划－研究－中国
Ⅳ．① TU984.2

中国国家版本馆 CIP 数据核字 (2023) 第 220187 号

儿童友好中国实践案例（第一辑）

史路引　主编

出 品 人　金英伟
责任编辑　姜　黎
责任校对　徐春莲
装帧设计　张　微

出版发行　同济大学出版社 www.tongjipress.com.cn
（地址：上海市四平路 1239 号　邮编：200092　电话：021－65985622）
经　　销　全国各地新华书店
印　　刷　上海丽佳制版印刷有限公司
开　　本　787mm×960mm　1/16
印　　张　14
字　　数　280 000
版　　次　2023 年 11 月第 1 版
印　　次　2023 年 11 月第 1 次印刷
书　　号　ISBN 978-7-5765-0978-6
定　　价　98.00 元